班组安全行丛书

起重安全知识

（第二版）

卢保中　主编

中国劳动社会保障出版社

图书在版编目(CIP)数据

起重安全知识/ 卢保中主编. -- 2 版. -- 北京：中国劳动社会保障出版社，2022

(班组安全行丛书)

ISBN 978-7-5167-5561-7

Ⅰ. ①起… Ⅱ. ①卢… Ⅲ. ①起重机械-安全技术 Ⅳ. ①TH210.8

中国版本图书馆 CIP 数据核字(2022)第 156671 号

中国劳动社会保障出版社出版发行

(北京市惠新东街 1 号 邮政编码：100029)

*

三河市华骏印务包装有限公司印刷装订 新华书店经销

880 毫米×1230 毫米 32 开本 6.75 印张 152 千字

2022 年 10 月第 2 版 2022 年 10 月第 1 次印刷

定价：22.00 元

读者服务部电话：(010) 64929211/84209101/64921644

营销中心电话：(010) 64962347

出版社网址：http://www.class.com.cn

内容简介

本书以问答的形式讲述了起重安全的基本知识，内容包括起重安全通用知识、起重机械基础知识、起重机械作业安全知识、起重机指挥与司索安全知识四部分。

本书叙述简明扼要，内容通俗易懂，并配有一些事故案例。本书可作为班组安全生产教育培训教材，也可供从事安全生产工作的有关人员参考、使用。

前言

班组是企业最基本的生产组织，是实际完成各项生产工作的部门，始终处于安全生产的第一线。班组的安全生产，对于维持企业正常生产秩序，提高企业效益，确保职工安全健康和企业可持续发展具有重要意义。据统计，在企业的伤亡事故中，绝大多数属于责任事故，而90%以上的责任事故又发生在班组。可以说，班组平安则企业平安，班组不安则企业难安。由此可见，班组的安全生产教育培训直接关系企业整体的生产状况乃至企业发展的安危。

为适应各类企业班组安全生产教育培训的需要，中国劳动社会保障出版社组织编写了“班组安全行丛书”。该丛书自出版以来，受到广大读者朋友的喜爱，成为他们学习安全生产知识、提高安全技能的得力工具。其间，我社对大部分图书进行了改版，但随着近年来法律法规、技术标准、生产技术的变化，不少读者通过各种渠道给予意见反馈，强烈要求对这套丛书再次进行改版。为此，我社对该丛书重新进行了改版。改版后的丛书共包括 17 种图书，具体如下：

《安全生产基础知识（第三版）》《职业卫生知识（第三版）》《应急救护知识（第三版）》《个人防护知识（第三版）》《劳动权益与工伤保险知识（第四版）》《消防安全知识（第四版）》《电气安全知识（第三版）》《危险化学品作业安全知识》《道路交通运输安全知识（第二版）》《金属冶炼安全知识（第二版）》《焊接安全知识

（第三版）》《起重安全知识（第二版）》《高处作业安全知识（第二版）》《有限空间作业安全知识（第二版）》《锅炉压力容器作业安全知识（第二版）》《机加工和钳工安全知识（第二版）》《企业内机动车辆安全知识（第二版）》。

该丛书主要有以下特点：一是具有权威性。丛书作者均为全国各行业长期从事安全生产、劳动保护工作的专家，既熟悉安全管理和技术，又了解企业生产一线的情况，所写内容准确、实用。二是针对性强。丛书在介绍安全生产基础知识的同时，以作业方向为模块进行分类，每分册只讲述与本作业方向相关的知识，因而内容更加具体，更有针对性。班组可根据实际需要选择相关作业方向的分册进行学习。三是通俗易懂。丛书以问答的形式组织内容，而且只讲述最常见、最基本的知识和技术，不涉及深奥的理论知识，因而适合不同学历层次的读者阅读使用。

该丛书按作业内容编写，面向基层，面向大众，注重实用性，紧密联系实际，可作为企业班组安全生产教育培训的教材，也可供从事安全生产工作的有关人员参考、使用。

目录

第 1 章 起重安全通用知识

1.1 起重机械与特种设备

1. 何谓起重机械?

起重机械是指用于垂直升降或者垂直升降并水平移动重物的机电设备。

2. 何谓特种设备?

特种设备是指对人身和财产安全有较大危险性的锅炉、压力容器(含气瓶)、压力管道、电梯、起重机械、客运索道、大型游乐设施、场（厂）内专用机动车辆，以及法律、行政法规规定适用《中华人民共和国特种设备安全法》的其他特种设备。

3. 起重机械纳入特种设备安全监督管理的范围是如何规定的?

起重机械纳入特种设备安全监督管理的范围，规定为额定起重量大于或等于 0.5 t 的升降机；额定起重量大于或等于 3 t（或额定起重力矩大于或等于 40 t · m 的塔式起重机，或生产率大于或等于 300 t/h 的装卸桥)，且提升高度大于或等于 2 m 的起重机械；层数大于或等于 2 层的机械式停车设备。

1.2 起重作业人员的管理

4.《中华人民共和国安全生产法》对从业人员的安全生产教育和培训是如何规定的?

生产经营单位应当对从业人员进行安全生产教育和培训，保证从业人员具备必要的安全生产知识，熟悉有关的安全生产规章制度和安全操作规程，掌握本岗位的安全操作技能，了解事故应急处理措施，知悉自身在安全生产方面的权利和义务。未经安全生产教育和培训合格的从业人员，不得上岗作业。

5.《中华人民共和国特种设备安全法》对特种设备作业人员在作业过程中发现事故隐患或者其他不安全因素是如何规定的?

特种设备作业人员在作业过程中发现事故隐患或者其他不安全因素，应当立即向特种设备安全管理人员和单位有关负责人报告；特种设备运行不正常时，特种设备作业人员应当按照操作规程采取有效措施保证安全。

6. 起重作业的哪些人员应当持证上岗?

起重机指挥、起重机司机（范围限制为桥式起重机司机、门式起重机司机、塔式起重机司机、门座式起重机司机、缆索式起重机司机、流动式起重机司机、升降机司机）和特种设备安全管理人员应当取得《特种设备安全管理和作业人员证》，持证上岗。

7. 特种设备作业人员的主要职责有哪些?

（1）严格执行特种设备有关安全管理制度，并且按照操作规程进行操作。

（2）按照规定填写作业、交接班等记录。

（3）参加安全教育和技能培训。

（4）进行经常性维护保养，对发现的异常情况及时处理，并且作出记录。

（5）作业过程中发现事故隐患或者其他不安全因素，应当立即采取紧急措施，并且按照规定的程序向特种设备安全管理人员和单位有关负责人报告。

（6）参加应急演练，掌握相应的应急处置技能。

1.3　安全常识

8. 何谓高处作业? 高处作业如何分级?

高处作业是指在距坠落高度基准面 2 m 或 2 m 以上有可能坠落的高处进行的作业。

高处作业分为 4 级。Ⅰ级：高度≥2 m 且≤5 m；Ⅱ级：高度>5 m 且≤15 m；Ⅲ级：高度>15 m 且≤30 m；Ⅳ级：高度>30 m。

9. 高处作业有哪些安全注意事项?

（1）根据《特种作业人员安全技术培训考核管理规定》，未满

18周岁或超过国家法定退休年龄者，不得从事高处作业。

(2) 从事高处作业者须经社区或县级以上医疗机构体检健康合格，且凡患有禁忌症者（恐高症、高血压、低血压、心脏病、贫血、癫痫、美尼尔氏综合症、震颤麻痹综合症、精神病），以及疲劳过度、精神恍惚、视力不佳、饮酒等情况者，不宜进行高处作业。

(3) 高处作业者必须按标准使用劳动防护用品（安全帽、安全带等）、装置及设施。

(4) 高处作业的设施，不得有翘头板、空头板、断裂板、露头钉、朝天钉、空缺挡、折断等缺陷，作业中的孔洞应设置有效的安全防护。

(5) 脚手板、脚手架、栈边、斜边、梯子、吊篮、挂板等高处作业设施，必须搭设稳固，材质优良。

(6) 必须使用梯子斜边登高，不准从脚手架外攀登，一般不允许用起重机械吊运人员。

(7) 传送工具和材料应用绳索系送，禁止抛掷，禁止从高处向下抛掷料具。禁止交叉作业。

(8) 作业现场、脚手架、起重设备等上空及附近空间如有高压线，应按安全距离控制。高处作业所用电气设备应绝缘良好，以防漏电。

(9) 在高处动火作业时应使用防火毯接住火星和飞溅物，不允许飞溅物落到气体软管或气瓶上。

(10) 在6级强风和雨雪天及夜间，一般高处作业应停止作业。

10. 有毒有害物品的装卸搬运有哪些要求？

（1）应使用装卸、搬运的专用机械及工具，如钩具、夹具等。

（2）作业前，应检查劳动防护用品、用具是否合格。作业中应正确使用劳动防护用品、用具，作业后应由专人对劳动防护用品、用具及时清洗、消毒，并妥善保管。

（3）搬运时禁止肩扛、背负、双手抱揽，应做到轻拿、轻放。严禁滚动、踏踩包装。

（4）两种性能互相抵触的物品，不得同地装卸和同车运输。

（5）对忌热、忌潮、忌倒置物品，必须采取隔热、防潮措施和防倒置措施。

（6）作业现场要备有必要的急救药品和相应的消毒药剂以及冲洗、消防器材。

11. 有害气体中毒如何急救？

应立即将人员撤离现场，抢救人员应在做好自身防护（如现场毒物浓度很高，应戴防毒面具）后，将中毒者转移到空气新鲜处。

对已昏迷中毒者应保持气道通畅，解开领扣、裤带等束缚，注意保温或防暑，有条件时给予氧气吸入。

对呼吸、心跳停止者应立即进行心肺复苏，并联系医院救治。护送中毒者要取平卧位，头稍低，并偏向一侧，避免呕吐物进入气管。

12. 何谓触电？电击和电伤有何区别？

人体触及带电体，或带电体与人体之间由于距离近、电压高产生闪击放电，或电弧烧伤人体表面对人体造成伤害称为触电。触电的形式一般分为单相触电、两相触电、跨步电压触电和间接触电。

电击和电伤是触电伤害的两种形式。电击是电流通过人体造成体内组织的伤害，如肌肉抽搐、神经麻痹，严重时引起昏迷、窒息，甚至心脏停止跳动而死亡；电伤是由于电流的热效应、机械效应、化学效应对人体外部造成的伤害，如电弧烧伤、电烙印、皮肤金属化等。最危险的触电是电击，绝大多数触电死亡事故是由电击造成的。

13. 何谓单相触电?

当人体直接碰触带电设备或带电导线其中的一相时，电流通过人体流入大地，这种触电称为单相触电。有时对于高压带电体，人体虽未直接接触，但由于高电压超过了安全距离，高压带电体对人体放电，造成单相接地而引起的触电，也属于单相触电。

14. 何谓两相触电?

当人体同时接触带电设备或带电导线其中的两相时，或在高压系统中，人体同时接近不同相的两相带电导体，而发生闪击放电，电流通过人体从某一相流入另一相，此种触电称为两相触电。人体的触电方式中，以两相触电最为危险，轻微的会引起触电烧伤或导致残疾，严重的可以导致触电死亡事故。

15. 何谓跨步电压触电？如何避免?

当电气设备发生接地短路故障或电力线路断落接地时，电流经大地流走，这时接地中心附近的地面存在不同的电位，人若在接地短路点 8~10 m 以内行走，人两脚间（按正常人 0.8 m 跨距考虑）的电位差叫跨步电压。由跨步电压引起的触电叫跨步电压触电。

人与接地短路点越近，跨步电压触电越严重。一旦误入跨步电压区，应迈小步，双脚不要同时落地，最好一只脚跳走，朝接地点相反的地区走，逐步离开跨步电压区。

16. 何谓间接触电？

事故导致在正常情况下不带电的电气设备金属外壳带电，致使人触电叫间接触电。另外，导线漏电触碰金属物（如管道、金属容器等），使金属物带电而使人触电，也称间接触电。

17. 触电急救的步骤是什么？

（1）使触电者迅速脱离电源。

（2）现场抢救触电者。进行意识判断、脉搏和呼吸判断，对无呼吸或仅是濒死叹气样呼吸、无意识的触电者立即开始心肺复苏。

（3）送触电者去医院救治。

18. 低压触电如何使触电者脱离电源？

（1）触电地点附近有电源开关或电源插座，可立即拉开开关或拔出插头，断开电源。但应注意到拉线开关或墙壁开关等只控制一根线的开关，有可能因安装问题只能切断中性线而没有断开电源的相线。

（2）触电地点附近没有电源开关或电源插座，宜用有绝缘柄的电工钳或有干燥木柄的斧头切断电线，断开电源。但应注意断开后的带电端再次危及现场人员。

（3）当电线搭落在触电者身上或压在身下时，宜用干燥的衣服、手套、绳索、皮带、木板、木棒等绝缘物作为工具，拉开触电者或挑开电线，使触电者脱离电源。

(4) 当触电者的衣服是干燥的且又没有紧缠在身上，宜用一只手抓住触电者的衣服，将触电者拉离电源。但救护人员不得接触触电者的皮肤，也不能抓触电者的鞋。

(5) 触电发生在电缆沟道、隧道内，且不能立即断开电源开关时，宜采取抖动电缆的方式使触电者脱离电源。因电缆绝缘损坏触电时，不得采取直接切断电缆的方式断开电源，除非是单根单相电缆。

19. 高压触电如何使触电者脱离电源？

(1) 立即通知有关供电单位或客户停电。

(2) 戴上绝缘手套，穿上绝缘靴，用相应电压等级的绝缘工具按顺序拉开电源开关或熔断器。

(3) 抛掷裸金属线使线路短路，迫使保护装置动作，断开电源。应注意抛掷金属线之前先将金属线的一端固定可靠接地，然后另一端系上重物抛掷，注意抛掷的一端不可触及触电者和其他人。另外，抛掷者抛出线后要迅速离开接地的金属线 8 m 以外或双腿并拢站立，防止跨步电压伤人。抛掷短路线时应注意防止电弧伤人或断线危及人员安全。

20. 起重机司机室的防火要求有哪些？

(1) 在进行日常检查和维护保养时，禁止在司机室内使用喷灯或手提灯及其他明火和暗火的装置。

(2) 禁止在司机室内进行熔焊作业。在必需的情况下，应当备有完善的消防措施。

（3）司机室内禁止吸烟。

（4）按规定配备灭火器，并保证完好有效。

（5）应当经常检查电气设备的温升情况，不得使温升超过规定标准。当闻到烧焦气味或发现有电气设备冒烟情况时，必须立即切断电源并停机检查。

（6）油料以及废棉丝等易燃物品一定要储存在盖紧的铁皮箱里。

21. 起重机电气火灾如何灭火？

起重机电气火灾多发生在司机室内、小车拖缆线、控制屏等处。火灾发生后首先要切断电源，以防灭火时造成触电。无法切断时，则要合理使用消防器材并保证扑救安全。

灭火器材一般选择使用干粉灭火器和二氧化碳灭火器，并在灭火时保持一定的安全距离。其中，干粉灭火器适用于除旋转电机以外的其他电气设备的初始火灾。

带电灭火人员应当穿戴绝缘手套和绝缘鞋，防止身体部位或使用的消防器材（如火钩、火斧等）直接与带电部分接触，避免造成触电事故。

22. 个体防护装备有哪些使用规定？

个体防护装备（劳动防护用品）是从业人员为防御物理、化学、生物等外界因素伤害所穿戴、配备和使用护品的总称。包括安全帽、耳塞、自吸过滤式防毒面具、防静电服、安全带等。有下列使用规定：

（1）未按规定佩戴和使用个体防护装备的作业人员，不得上岗作业。

（2）作业人员应熟练掌握个体防护装备正确佩戴和使用方法，用人单位应监督作业人员个体防护装备的使用情况。

（3）在使用个体防护装备前，作业人员应对个体防护装备进行检查（如外观检查、适合性检查等），确保个体防护装备能够正常使用。

（4）用人单位应按照产品使用说明书的有关内容和要求，指导并监督个体防护装备使用人员对在用的个体防护装备进行正确的日常维护和使用前的检查，对必须由专人负责的，应指定受过培训的合格人员负责日常检查和维护。

23. 起重机械作业人员配备个体防护装备有哪些规定？

（1）起重机司机应配备灵便紧口的工作服、系带防滑鞋和工作手套。

（2）起重机械指挥人员应配备专用标志服装，在自然强光环境条件作业时，应配备有色防护眼镜。

（3）起重机械安装维修人员从事安装维修作业时，应配备紧口工作服、保护足趾的安全鞋和工作手套。

特殊情况下，如在有毒有害、防爆等环境作业，必须按照环境等级等现场工作条件选用和配备劳动防护用品。

24. 如何做好雷电防御？

（1）发布黄色预警信号，应做好下列事项。

1）单位应做好防雷工作。

2）人员应密切关注天气，尽量避免户外活动。

（2）发布橙色预警信号，应做好下列事项。

1）单位应落实防雷应急措施。

2）人员应当留在室内，并关好门窗。

3）户外人员应当躲入有防雷设施的建筑物或者汽车内。

4）切断危险电源，不要在树下、电杆下、塔吊下避雨。

5）在空旷场地不要打伞，不要把农具、羽毛球拍、高尔夫球杆等扛在肩上。

（3）发布红色预警信号，应做好下列事项。

1）单位应做好防雷应急抢险工作。

2）人员应当尽量躲入有防雷设施的建筑物或者汽车内，并关好门窗。

3）切勿接触天线、水管、铁丝网、金属门窗、建筑物外墙，远离电线等带电设备和其他类似金属装置。

4）尽量不要使用无雷电防护装置或者雷电防护装置不完备的电视、电话等电器。

5）应密切注意雷电预警信息的发布。

25. 对于机械伤害的外伤出血伤者应如何现场急救?

（1）采取指压止血法：首先通过直接压迫出血部位进行止血。如压迫后仍有出血，可根据动脉的体表投影，用手指压迫伤口近心端的供血动脉，达到临时快速止血的目的。

（2）加压包扎止血法：一般小动脉和静脉出血宜用此法。将无菌或干净敷料覆盖伤口，外加敷料垫，再以绷带加压包扎。包扎后将伤肢抬高，以减少出血。

26. 对于机械伤害的骨折伤者应如何现场急救?

（1）脊柱骨折或颈部骨折，无特殊情况应让伤者留在原地，等待医护人员搬动。

（2）固定是骨折急救的重要环节，可用夹板或就地取材，用木板、木棍、树枝、硬纸板等临时代用。肢体骨折时，可用夹板或木棍、竹竿等将断骨上下方的两个关节一同固定。

（3）从地上抬起伤者时，要多人同时缓慢用力平托。运送伤者时，必须用木板或硬材料，木板上可垫棉被，不能垫枕头，不能用布担架或绳床运送。颈椎骨骨折伤者的头必须放正，不能让头随便晃动，可用沙袋等在头两侧夹住。

27. 对于机械伤害的断肢伤者应如何现场急救?

发生肢（指）体离断时，应将离断肢（指）断面用无菌敷料包扎止血，减少污染。离断肢（指）用无菌敷料或清洁布类包裹，置放塑料袋中密封，低温（4 ℃）干燥保存，随伤者一同送至医院，切忌用任何液体浸泡。

28. 对于机械伤害的休克、昏迷伤者应如何现场急救?

让休克者平卧，不用枕头。若属于心源性休克同时伴有心力衰竭、气促，不能平卧时，可采用半卧。要注意保暖，尽量不要搬动，必须搬动时动作要轻。要保持呼吸道畅通，用鼻导管或面罩给氧。

29. 何谓安全标志? 安全标志分为哪 4 大类型?

安全标志是用以表达特定安全信息的标志，由图形符号、安全色、几何形状（边框）或文字构成。

安全标志分为下列 4 大类型。

禁止标志：是禁止人们不安全行为的图形标志。基本形式是带斜杠的圆边框。

警告标志：是提醒人们对周围环境引起注意，以避免可能发生危险的图形标志。基本图形是正三角形边框。

指令标志：是强制人们必须做出某种动作或采用防范措施的图形标志。基本图形是圆形边框。

提示标志：是向人们提供某种信息（如标明安全设施或场所等）的图形标志。基本图形是正方形边框。

30. 安全标志使用哪些颜色?

安全标志使用的颜色包括安全色、对比色以及图形符号色。

（1）安全色是传递安全信息含义的颜色，包括红、蓝、黄、绿 4 种颜色。

1）红色传递禁止、停止、危险或提示消防设备、设施的信息。

2）蓝色传递必须遵守规定的指令性信息。

3）黄色传递注意、警告的信息。

4）绿色传递安全的提示性信息。

（2）对比色是使安全色更加醒目的反衬色，包括黑、白两种颜色。

（3）图形符号色有黑、白两种颜色。

31. 起重机安全标志有哪些放置要求?

（1）安全标志应放置在起重机上醒目易见的部位，避免损坏或磨损。

（2）安全标志和危险图形符号可以放置在起重机上或出现在使用维护说明书中。为了避免危险，应将安全标志和危险图形符号放置在靠近危险发生部位或者控制区。

（3）应避免在起重机上过多地使用安全标志和危险图形符号，因为过度使用会降低使用效果。

（4）安全标志和危险图形符号出现在使用维护说明书中，用来强调危险的区域，在说明书中的使用不受上述第（3）条的限制。

（5）应在起重机的合适位置或工作区域设置明显可见的文字安全警示标志。

1）起升物品下方严禁站人。

2）臂架下方严禁停留。

3）作业半径内注意安全。

4）未经许可不得入内。

（6）采用高压供电的起重机，应在高压供电位置及高压控制设备处设置警示标志，如“高压危险”等。

1.4　起重作业事故预防

32. 什么是事故隐患?

事故隐患通常是指在生产、经营过程中有可能造成人身伤亡或者经济损失的不安全因素，它包含人的不安全因素、物的不安全状态和管理上的缺陷。

事故隐患是客观存在的，存在于企业的生产全过程，而且对人身安全、财产安全和企业的生存发展都直接构成威胁。事故隐患是引发安全事故的直接原因，它的实质是有危险的、不安全的、有缺陷的状态。这种状态可在人或物上表现出来，如人走路不稳、路面太滑都是导致摔倒致伤的隐患；也可表现在管理的程序、内容或方式上，如检查不到位、制度的不健全、人员培训不到位等。隐患如果不能及时认识和发现，迟早要演变成事故，这就是事故和隐患的关系。

事故隐患有以下特征：隐蔽性、危险性、突发性、因果性、连续性、重复性、意外性、时效性、特殊性、季节性。

33. 什么是特种设备事故?

特种设备事故是指列入特种设备目录的特种设备因其本体原因及其安全装置或者附件损坏、失效，或者特种设备相关人员违反特种设备法律法规规章、安全技术规范造成的事故。

34. 什么是风险源?

风险源是可能单独或共同引发风险的内在要素。风险源可以是有形的，也可以是无形的。

35. 如何辨识特种设备安全风险?

特种设备安全风险的辨识分为管理风险的辨识和设备安全风险的辨识两部分。

（1）管理风险是指特种设备使用单位在特种设备使用管理制度建立、人员配备、制度执行等方面存在不足而带来的特种设备安全风险，具体包括管理机构和人员配备、安全节能管理制度建立、操作规程建立、设备档案管理、隐患排查治理、使用登记管理、应急管理与事故处理、履行法律法规规定的其他义务的情况 8 方面内容。

（2）设备安全风险是指特种设备本身存在的，直接影响特种设备或相关人员安全的风险，一般通过定期检验检测、用户定期自查或日常巡查发现。该类风险包括检验、检查、巡查中发现的设备本身存在安全风险、特种设备安全附件故障或损坏带来的风险、其他重要部件损坏带来的风险、设备关键性能指标下降带来的风险等。

36. 起重机械状况风险辨识有哪些基本内容？

（1）起重机械明显部位是否有清晰可见的特种设备使用标志和额定起重量标志。

（2）起重机械对人员构成危险的相对移动部件是否涂有黄黑相间的安全色。

（3）设置司机室的起重机械是否连接牢固，具有良好视野，配备灭火器及绝缘地板，并有警示音响信号。

（4）操纵按钮手柄等是否有表明用途或操纵方向的清晰标志，是否灵活有效。

（5）吊钩是否设置防脱钩装置，开口度是否增大，是否严重磨损。

（6）集装箱吊具转锁装置安全联锁、伸缩装置安全联锁、伸缩止挡及其限位是否有效。

（7）吊运熔融金属的起重机械板钩销轴是否按要求每 6 个月进行一次无损探伤。

（8）钢丝绳是否存在明显损伤。

（9）电路是否可靠接地，电缆是否严重老化开裂。

（10）大车轨道是否损坏变形。

（11）起重量限制器、起升高度限位器、防风防雨防滑装置是否设置并有效。

（12）门式起重机运行时声光报警装置是否有效。

37. 起重机械坠落事故及其常见表现形式有哪些？

起重机械坠落事故是指因起重机械本身部件、相关的工件缺陷或者失控，以及违章操作、操作失误、使用不当等造成物体或者人员由高势能位置非正常落下，发生人员伤亡和设备损毁的事故。坠落事故是起重机械事故中最常见的，也是较为严重的。

起重机械坠落事故常见表现形式如下：

（1）脱绳事故。脱绳事故是指重物从捆绑的吊装绳索中脱落溃散发生的伤亡毁坏事故。造成脱绳事故的主要原因是重物的捆绑方法与要领不当，造成重物滑脱；吊装重心选择不当，使偏载起吊或吊装中心不稳，造成重物脱落；吊载遭到碰撞、冲击、振动等而摇摆不定，造成重物坠落。

（2）脱钩事故。脱钩事故是指重物、吊装绳或专用吊具从吊钩钩口脱出而引起的重物坠落事故。造成脱钩事故的主要原因是吊钩缺少护钩装置，护钩保护装置机能失效，吊装方法不当及吊钩钩口变形引起开口过大等。

（3）断绳事故。造成起升绳破断的主要原因多为超载起吊拉断钢丝绳，起升限位开关失灵导致过卷扬拉断钢丝绳，斜吊、斜拉造成乱绳挤伤切断钢丝绳，钢丝绳因长期使用又缺乏维护保养造成疲劳变形、磨损损伤等，达到或超过报废标准仍然使用等造成的破断；造成吊装钢丝绳破断的主要原因多为吊装角度太大，使用钢丝绳抗拉强度超过限值而拉断钢丝绳，品种规格选择不当，或仍使用已达到报废标准的钢丝绳捆绑、吊装重物，造成钢丝绳破断。钢丝绳与重物之间接触无衬垫等保护措施，也会造成棱角割断钢丝绳而出现吊装钢丝绳破断事故。

（4）吊钩破断事故。原因多为吊钩材质有缺陷，吊钩因长期磨损断面减小已达到报废极限标准却仍然使用，或经常超载使用造成疲劳破坏以致断裂破坏。

（5）从机体上滑落摔伤事故。这类事故多发生在高处的起重机械上进行检修作业中，检修作业人员缺乏安全意识，抱着侥幸心理不使用安全带，由于脚下滑动、障碍物绊倒或起重机械突然启动造成晃动，作业人员失稳从高空坠落于地面而摔伤。

（6）机体撞击坠落事故。这类事故多发生在起重机械检修作业中，因缺乏严格的现场安全监督制度，检修人员遭到其他作业的起重机械端梁或悬臂撞击，从高空坠落摔伤。

（7）维修工具零部件坠落砸伤事故。在起重机械检修作业中，如果操作不慎，维修更换的零部件或维护检修工具从起重机械机体上滑落，造成砸伤地面作业人员和机器设备等事故。

起重机械坠落事故主要是发生在起升机构取物缠绕系统中，除了脱绳、脱钩、断绳和断钩外，每根起升钢丝绳两端的固定也十分重要，如钢丝绳在卷筒上的极限安全圈是否能保证在2圈以上，是否有下降限位保护，钢丝绳在卷筒装置上的压板固定及楔块固定结构是否安全合理。另外，钢丝绳脱槽（脱离卷筒绳槽）或脱轮（脱离滑轮）也会发生失落事故。

［案例］某日，某钢铁公司炼油厂16号起重量32/10 t的桥式起重机由司机D某操作。7时左右，铸锭整模工副班长E某在地面呼叫，要求把起重机开到连铸机西侧平车处，准备翻锭盘。D某将起重

机开到指定位置开始吊挂放在平车上的锭盘，因不用副钩作业，在提升主钩的同时又提升副钩，准备将其停在适当高度。此时，主钩起升钢丝绳从滑轮槽中脱出，主钩出现晃动，使 D 某把注意力全部集中在主钩上，忘记了副钩还在上升。由于副钩起升高度限位器失灵，副钩超过极限位置后继续上升，将钢丝绳拉断后发生坠落，把在地面挂钢丝绳的 E 某砸伤，经抢救无效死亡。事故原因：一是检修电气元件时发生差错，造成副钩起升高度限位器失灵。该台起重机于前 3 天因副钩凸轮控制器两对触头间短路，导致控制器失灵不能使用。于是吊车工段安排维修班更换控制器，对连接在副钩控制器上的副钩起升高度限位器开关和电源保护箱之间 3 根控制线没有按线路图加以确认，致使将线接错，造成副钩起升高度限位器失灵。且在副钩凸轮控制器更换后，检修人员也没有按照安全技术要求对该起升高度限位器进行检查试验，便交付给起重机司机。二是违章作业。起重机司机没有按安全要求对副钩起升高度限位器进行试验验收，作业前也没有按照安全规程进行检查，确认起重机各项安全装置是否处于正常状态，违章作业，加上主钩脱绳故障干扰，造成事故发生。

38. 起重机械挤压事故及其常见表现形式有哪些?

起重机械挤压事故是指因起重机械故障或者失控，以及违章操作、操作失误、使用不当时，人或物体因承受外来压力被推挤压迫在运动物体或者固定物体之间的事故。造成此类事故的主要原因是起重作业现场缺少安全监督指挥管理人员，现场从事吊装作业和其他作业人员缺乏安全意识或野蛮操作等人为因素所致。挤压事故伤害的多为吊装作业人员和从事检修作业人员。

起重机械挤压事故常见表现形式如下：

（1）吊具或吊载与地面物体之间的挤压事故。此类事故多发生在车间、仓库等室内场所，地面作业人员处于大型吊具或吊臂与机器设备、土建墙壁、牛腿立柱等障碍物之间的狭窄场所。

（2）升降设备的挤压事故。升降机等的维修人员或操作人员，不遵守操作规程，被挤压在轿厢、吊笼与井壁、井架之间的事故也时有发生。

（3）机体与建筑物间的挤压事故。这类事故多发生在高空从事桥式起重机检修维护的人员中，人员被挤压在起重机端梁与支承承轨梁的立柱或墙壁之间，或在高空承轨梁侧通道通过时被运行的起重机撞击击伤。

（4）机体旋转挤压事故。这类事故多发生在野外作业的轮胎起重机和履带起重机等中，非司机人员被机体旋转挤压。

（5）翻转作业中的挤压事故。在翻转等作业时，由于吊装方法不合理、装卡不牢、捆绑不当、吊具选择不合理、重物倾斜下坠、吊装选位不佳、指挥及操作人员站位不好、司机误操作等原因造成吊装失稳，吊载摆动冲击等均会造成翻转作业中的挤压等各种伤亡事故，这种类型事故在挤压事故中尤为突出。

［案例］某日 17 时 15 分左右，某钢铁有限公司焦化厂备煤车间 G 某在门式起重机作业时，发现钢丝绳有断股现象应予更换。G 某将小车抓斗落在指定地点负责处理断股钢丝绳，同事 N 某过来帮忙负责清理抓斗滑轮旁的积煤。两人配合将钢丝绳更换后，G 某让 N 某到操作室将小车开到煤堆货位上，G 某去小车室顶棚将断股钢丝绳放下来。随后 N 某听到 G 某的开车喊话指令，按电铃表示要动小车，听到 G 某喊“可以动车”后，N 某将小车由西向东开往指定位置，降落抓斗。N 某等了一会儿未见 G 某下来调整新钢丝绳，N 某急忙

从操作室来到小车顶棚，看见 G 某倒在小车边板与走道防护栏杆之间，立即打电话通知值班室，并与工友一起将 G 某抬下，送职工医院抢救，因 G 某胸部严重挤伤，经医院全力抢救无效死亡。事故原因分析如下。一是 G 某下达启动小车指令前，没有及时从小车顶棚下到安全通道上，N 某动车前听到警铃后，确认不到位，开动小车由西向东运行过程中，G 某未等待小车停稳就跨栏下车，结果被挤在小车铁棚门外边板与栏杆之间，是造成事故发生的直接原因。二是焦化厂技术操作规程、作业指导书不完善，岗位配合作业确认制度不健全，没有认真组织检审。三是门式起重机上下配合作业，必须通过在司机操作室按电铃进行联系，如果小车上方作业人员采用喊话方式联系，很容易受外界环境影响。G 某和 N 某就是因为采取这种办法，导致了事故的发生。

39. 起重机械碰撞事故及其常见表现形式有哪些?

起重机械碰撞事故是指因起重机械故障或者失控，以及违章操作、操作失误、使用不当时，造成的人、运动物体或者周围固定物相互之间短暂接触发生碰撞伤害的事故。如设备与运动或者固定物体相撞、人撞固定物体、运动物体撞人、人与人互撞等。

在同一跨中的多台桥式起重机由于相互之间无缓冲碰撞保护措施，或缓冲碰撞保护设施毁坏失效，可能会发生起重机相互碰撞致伤。室外作业的多台悬臂起重机群中，在吊臂旋转作业中也可能相互撞击而发生碰撞事故。

[案例] 某日，某装卸公司的装卸工人在黄浦码头某泊位使用门座起重机往一船舱里进行吊装钢板作业时，起重机变幅系统忽然出现故障，吊装的钢板刚进船舱尚未落下时，起重臂出现后仰，钢板撞在

船舱舱壁上。起重机司机T某发现这一异常情况后，立即推变幅主令操纵杆松起重臂，但起重臂没有动作。于是T某将主令操纵杆复零位后停机离开驾驶室到机房检查，并叫修理工前来修理。在修理工来到之前，T某发现变幅系统的中间继电器没有复位，但用验电笔轻轻触动，就能使其复位。随后T某回到驾驶室操纵起重机，观察起重臂变幅情况，这一次起重臂恢复了正常动作。T某向随后赶来的修理工说明了上述情况，并请其再检查一遍。修理工对照图纸检查后，认为起重机一切正常，并在观察T某继续作业一段时间后离去。接着，T某操纵起重机继续作业，当他将钢板吊入船舱后卸专用吊具钳子时，钢板靠驾驶室的一侧突然向外挡滑动，一名正在作业的工人避让不及，下腹遭到钢板撞击，经抢救无效死亡。事故原因：该门座起重机曾于事发前进行过大修，将变幅系统中控制变幅刹车油泵马达的中间继电器进行了更换。由于该中间继电器装配质量未达到产品质量要求，使铁芯触头支架在滑动槽内有时会出现机械卡死现象，导致起重机变幅系统刹车部分处于开启状态，致使起重臂会自动变幅前移，起重机带“病”作业，司机未立即停止作业，检修人员未能发现故障原因。

40. 起重机械机体毁坏事故及其常见表现形式有哪些？

起重机械机体毁坏事故是指起重机械因超载失稳等产生机体断裂、倾覆造成机体严重损坏及人身伤害的事故。

起重机械机体毁坏事故常见表现形式如下：

(1) 断裂事故。断裂事故是指起重机械承载主体及部件因材质劣化或者受力超过强度极限而发生的失效现象。断裂一般分为塑性断裂、脆性断裂、疲劳断裂和蠕变断裂等。此类事故多发生在悬臂起重机。

（2）倾覆事故。第一种情况是因起重机械主体或者构件的强度、刚度难以承受实际的载荷，发生局部、整体或者基础的失稳、坍塌或者倾覆事故；第二种情况是因起重机械主体或者构件因载荷等外力影响，倾覆力矩大于稳定力矩而发生设备整体或者基础的失稳、坍塌的现象。倾覆事故是轮胎式起重机的常见事故，大多是起重机作业前支承不当、起重量限制器或力矩限制器等安全装置动作失效、超载起吊、带载回转至倾覆危险区域等因素所造成。

（3）机体摔伤事故。一般是由于未设置车轮锚固装置，或者上述安全防护装置机能失效，当遇到强风时往往会造成起重机械被大风吹跑、吹倒，甚至从栈桥上翻落造成严重的机体摔伤事故。

［案例］某日 18 时左右，某港务公司 Z 某操作 15 t 门座起重机倒运工字钢。20 时 50 分左右，起重工 J 某、Y 某准备捆绑工字钢进行挂钩作业，发现此次拉来的工字钢太多，欲分两次起吊，而司机 Z 某则示意一钩起吊，J 某和 Y 某没再坚持，就将 28 根工字钢（重约 22 t）捆绑在一起，将绳扣挂到起重机的钩头。20 时 55 分左右，司机 Z 某开始在 19 m 幅度（此处最大载重量为 10 t）起吊。因吊物严重超载，加之起重机无力矩限位器，致使门座起重机发生倾倒，司机 Z 某随起重机一同摔到地面受伤，后经医院抢救无效死亡。事故原因分析如下。一是该港务公司用于码头装卸货物的自制 15 t 门座起重机存在严重缺陷，无力矩限位器，当司机 Z 某超载吊运工字钢时，设备无自我保护装置，吊物将门座起重机拉倒，导致门座起重机倾斜而倒塌，司机 Z 某随倒塌的门座起重机一起摔倒地面受伤致死，是造成此起事故发生的主要原因。二是司机 Z 某安全意识淡薄，违反公司起重机操作规程，吊运时没有确认起重量就盲目起吊，导致超载运行将门座起重机拉倒，其本人也因此受伤致

死，是造成此起事故发生的直接原因。三是该港务公司对码头装卸的安全管理存在漏洞，安全规章制度落实不够，缺乏对作业现场安全的监督检查，对起重作业缺乏必要的安全交底，未落实对在港务公司码头从事装卸的劳务人员进行安全教育，允许未经起重专业知识培训的劳务工从事起重作业，是造成此起事故发生的间接原因。四是该港务公司对在用起重设备安全管理不善，缺乏对起重设备定期的保养与检修，使 15 t 门座起重机长期处于不安全状态下带“病”运行，起重机超过法定检验周期未申请检验等，是造成此起事故发生的重要原因。

41. 起重机械作业触电事故及其类型有哪些?

起重机械作业触电事故是指作业人员由于触电遭到电击所发生的伤害事故。

起重机械作业触电事故按室内外作业可分为以下两类：

(1) 室内作业的触电事故。发生在室内作业的触电事故，一般是来自起重机械动力电源或电气设备造成的电击事故。

(2) 室外作业的触电事故。在流动式起重机作业现场往往有裸露的高压输电线，由于司机的不重视或者操作失误，以及现场安全指挥监督混乱等原因，常有起重机悬臂或起升钢丝绳摆动触及高压线使机体导电，进而造成操作人员或吊装司索人员间接遭到高压线高压电击伤害。吊臂起重机进入高压线路的放电区域，人体或机械与高压带电体之间小于放电距离，会造成机械带电，使操作人员触电。

[案例] 某日，某轧钢厂落板车间起重机司机脱掉鞋袜开车，将起重机开到退火工休息室旁的板垛上方，准备把板垛吊运走。大车停

止运行后，司机操纵起重机升降控制器将吊钩下降到板垛上，在准备起吊时，由于电铃开关无盖，司机操纵时赤脚踩在电铃开关上触电死亡。事故原因：一是起重机司机赤脚违章作业，踏上无盖的电铃开关触电死亡；二是由于交接班制度不落实，缺盖的电铃开关未及时修复或更换，留下事故隐患。

第2章 起重机械基础知识

2.1 起重机械术语和参数

42. 什么是额定起重量?

额定起重量是工作条件下，对于给定的起重机械类型和载荷位置，起重机械设计能起升的最大净起重量。对于流动式起重机为起重挠性件下起重量。

43. 什么是桥架?

桥架是供起重小车在其上横移的桥架型起重机主要承载结构，或门式和半门式起重机支腿之间的结构件。

44. 什么是臂架?

臂架是保证取物装置获得必要幅度和（或）起升高度的结构件。

45. 什么是门座?

门座是由带或不带运行机构的支腿支承在地面上的高架结构件。

46. 什么是塔身?

塔身是起重机械上支承臂架和（或）回转平台，并保证臂架根部必要高度的垂直结构件。

47. 什么是起重小车?

起重小车是使吊挂载荷移动的总成。

48. 什么是回转支承?

回转支承是用于将回转部分的载荷（力矩、垂直力和水平力）传递给非回转部分的部件，也可包括回转齿圈。

49. 什么是平衡重?

平衡重是装在平衡臂或转台上，在起重机械作业时用于平衡工作载荷和（或）某些起重机械部件的重力的重块。

50. 什么是制动器?

制动器是使起重机械机构减速或停止和（或）防止其运动的装置。

51. 什么是夹轨器?

夹轨器是将处于非工作状态下的轨行起重机夹紧在轨道沿线任意位置上防止其被非工作状态下的阵风意外地吹动的防滑装置。

52. 什么是锚定装置?

锚定装置是将处于非工作状态下的轨行起重机夹紧在轨道沿线

的停机位上，防止其在暴风的作用下意外地沿轨道滑行的装置。

53. 什么是取物装置？

取物装置是用于抓取、持住或搬运重物的装置。如吊钩、抓斗、起重电磁铁、起重真空吸盘、起重横梁、夹持吊具、集装箱吊具或其他装置。

54. 什么是起升机构？

起升机构是使载荷升降的机构。

55. 什么是运行机构？

运行机构是使起重机械运行的机构。

56. 什么是变幅机构？

变幅机构是通过变换臂架和（或）副臂的倾角改变幅度和起升高度的机构。

57. 什么是回转机构？

回转机构是使起重机械回转部分在水平面内转动的机构。

58. 什么是跨度？

跨度是（桥架型起重机）起重机运行轨道中心线之间的水平距离。

59. 什么是幅度？

幅度是起重机械置于水平场地时，从其回转平台的回转中心线至取物装置（空载时）垂直中心线的水平距离。

60. 什么是变幅?

变幅是通过臂架的俯仰、移动或起重小车的运行使取物装置改变位置。

61. 什么是起升高度?

起升高度是起重机械支承面至取物装置最高工作位置之间的垂直距离；对于吊钩和货叉，量至其支承面；对于其他取物装置，量至其最低点（闭合状态）。

对于桥式起重机，起升高度应从地平面量起，测定时起重机应空载置于水平场地上。

62. 什么是起升速度、下降速度?

起升速度、下降速度是在稳定运动状态下，工作载荷的垂直位移速度。

63. 什么是回转速度?

回转速度是在稳定运动状态下，起重机械回转部分的回转角速度。

在 10 m 高处风速不超过 3 m/s 的条件下，起重机械置于水平场地上，带工作载荷、幅度最大时测定。

64. 什么是运行速度?

运行速度是在稳定运动状态下，起重机械的水平位移速度。

在 10 m 高处风速不超过 3 m/s 的条件下，起重机械带工作载荷沿水平路径行走时测定。

65. 什么是小车运行速度?

小车运行速度是在稳定运动状态下，小车做横移时的速度。

在 10 m 高处风速不超过 3 m/s 的条件下，小车带工作载荷沿水平轨道横移时进行测定。

66. 什么是变幅速度?

变幅速度是在稳定运动状态下，工作载荷水平位移的平均速度。

在 10 m 高处风速不超过 3 m/s 的条件下，起重机械置于水平道路上，其幅度从最大值变成最小值的过程中测定。

67. 什么是工作级别？有哪些划分?

工作级别是考虑起重机械起重量和时间的利用程度以及工作循环次数的特性。

工作级别的划分包括起重机械整机的分级、机构的分级、结构件或机械零件的分级。

起重机械整机的工作级别划分为 A1~A8 共 8 个级别；机构的工作级别划分为 M1~M8 共 8 个级别；结构件或机械零件的工作级别划分为 E1~E8 共 8 个级别。

68. 什么是作业周期?

作业周期是完成一个规定的作业循环所需的时间。

2.2　起重机械分类组成和工作特点

69. 起重机械是如何分类的?

起重机械按其功能和结构特点分为轻小型起重设备、起重机、升降机、工作平台和机械式停车设备 5 类。

(1) 轻小型起重设备包括千斤顶、滑车、起重葫芦、卷扬机。

(2) 起重机包括桥架型起重机、臂架型起重机、缆索型起重机。

桥架型起重机是取物装置悬挂在能沿桥架运行的起重小车、电动葫芦或臂架起重机上的起重机，包括梁式起重机、桥式起重机、门式起重机、半门式起重机、装卸桥。

臂架型起重机是取物装置悬挂在臂架上或沿臂架运行的小车上的起重机，包括固定式起重机、台架式起重机、门座起重机、半门座起重机、塔式起重机、铁路起重机、流动式起重机、浮式起重机、甲板起重机、桅杆起重机、悬臂起重机。

缆索型起重机是挂有取物装置的起重小车沿固定在支架上的承载绳索运行的起重机，包括缆索起重机、门式缆索起重机。

(3) 升降机包括升船机、启闭机、施工升降机、举升机。

(4) 工作平台包括桅杆爬升式升降工作平台、移动式升降工作平台。

(5) 机械式停车设备包括升降横移类机械式停车设备、垂直循环类机械式停车设备、简易升降类机械式停车设备、水平循环类机械式停车设备、多层循环类机械式停车设备、平面移动类机械式停车设备、巷道堆垛类机械式停车设备、垂直升降类机械式停车设备、汽车专用升降机。

70. 起重机械的组成结构主要有哪些？

起重机械的组成结构主要包括金属结构、控制操纵系统、工作机构、驱动机构、取物装置等。

71. 起重机械金属结构的基本要求有哪些？

（1）主要受力构件失去整体稳定性时不应修复，应报废。

（2）主要受力构件发生腐蚀时，应进行检查和测量。当主要受力构件断面腐蚀达设计厚度的10%时，如不能修复，应报废。

（3）主要受力构件产生裂纹时，应根据受力情况和裂纹情况采取阻止措施，并采取加强或改变应力分布措施，或停止使用。

（4）主要受力构件因产生塑性变形，使工作机构不能正常地安全运行时，如不能修复，应报废。

72. 起重机械运行机构应满足哪些要求？

（1）按照规定的使用方式应能够使整机和起重小车平稳地启动和停止。

（2）露天工作的轨道运行式起重机械应设有可靠的防风装置。

73. 起重机械起升机构应满足哪些要求？

（1）按照规定的使用方式应能够稳定地起升和下降额定载荷。

（2）吊运熔融金属及其他危险物品的起升机构，每套独立驱动装置应装有两个支持制动器。在安全性要求特别高的起升机构中，应另外装设安全制动器。

（3）应采取必要的措施避免起升过程中钢丝绳缠绕。

（4）当吊钩处于工作位置最低点时，卷筒上缠绕的钢丝绳，除固定绳尾的圈数外，应不少于 2 圈。当吊钩处于工作位置最高点时，卷筒上还宜留有至少 1 整圈的绕绳余量。

74. 起重机回转机构应满足哪些要求?

起重机回转机构在工作状态下，按照规定的使用方式能够平稳地启动和停止。

75. 起重机变幅机构应满足哪些要求?

（1）按照规定的使用方式，起升机构悬吊额定载荷时，动臂变幅机构应能够提升和下降臂架并能保持在静止状态（不允许带载变幅的变幅机构应保持臂架在静止状态）。

（2）采用钢丝绳变幅的机构，变幅机构的卷筒必须有足够的容绳量，保证完成起重臂从最大幅度到最小幅度位置的作业。

2.3　起重机械零部件

76. 滑轮和滑轮组的安全技术要求及使用维护有哪些规定?

（1）滑轮应能自由转动，并对钢丝绳提供足够的支持，避免钢丝绳承受过度的弯曲应力、径向压力和惯性。

（2）滑轮应有防止钢丝绳脱出绳槽的装置或结构。在滑轮罩的侧板和圆弧顶板等处与滑轮本体的间隙不应超过钢丝绳公称直径的0.5倍。

（3）人手可触及的滑轮组，应设置滑轮罩壳。对可能摔落到地面的滑轮组，其滑轮罩壳应有足够的强度和刚性。

（4）每周应检查滑轮及滑轮组，滑轮润滑按使用说明书要求。

77. 滑轮的报废标准是如何规定的?

滑轮出现下列情况之一时，应报废：

（1）影响性能的表面缺陷，如裂纹或铆接管松动；

（2）轮缘破损，轮槽不均匀磨损达 3 mm；

（3）轮槽壁厚磨损达原壁厚的 20%，因磨损使轮槽底部直径减少量达钢丝绳直径的 50%。

此外，双幅板压制滑轮绳衬的磨损量超过原厚度的 50%、滑轮轴磨损量达原直径的 3%，绳衬和滑轮轴应报废。

78. 卷筒的安全技术要求及使用维护有哪些规定?

（1）钢丝绳在卷筒上应能按顺序整齐排列。只缠绕一层钢丝绳的卷筒，应有绳槽；用于多层缠绕的卷筒，应采用适用的排绳装置或便于钢丝绳自动转层缠绕的凸缘导板结构等。

（2）多层缠绕的卷筒，应有防止钢丝绳从卷筒端部滑落的凸缘。当钢丝绳全部缠绕在卷筒后，凸缘超出最外面一层钢丝绳，超出的高度不应小于钢丝绳直径的1.5倍（对塔式起重机，应不小于钢丝绳直径的2倍）。

（3）卷筒上钢丝绳尾端的固定装置，应安全可靠并有防松或自紧的性能。如果钢丝绳尾端用压板固定，固定强度不应低于钢丝绳最小破断拉力的 80%，且至少应有两个相互分开的压板夹紧，并用螺栓将压板可靠固定。

（4）每周应检查一次卷筒，重点是钢丝绳尾端压板与螺栓的固定情况，不得松动。

（5）卷筒应按使用说明书要求润滑。

79. 卷筒的报废标准有哪些规定？

卷筒出现下述情况之一时，应报废：

（1）影响性能的表面缺陷，如裂纹等；

（2）筒壁磨损达原壁厚的 20%。

80. 减速器密封及润滑油的检查处理有哪些要求？

（1）应无渗油或漏油现象，油量应符合要求，不足应及时添加。

（2）应按规定定期更换润滑油，发现润滑油变质应及时更换，不同的润滑油禁止相互混合使用。

（3）油和油位的检查以及油的更换，必须切断电源，防止触电，等待减速器冷却后进行。

81. 传动齿轮的报废标准有哪些要求？

传动齿轮应按照使用维护说明书中的报废标准报废。使用维护说明书中，没有提供报废标准的，应当执行《起重机械安全规程 第 1 部分：总则》（GB 6067.1—2010）中的报废标准。

82. 联轴器的使用与维护保养有哪些要求?

（1）联轴器不允许有裂纹存在，如有裂纹则应更换。

（2）联轴器不允许有超过规定的轴心线歪斜和径向位移。

（3）联轴器的螺栓不得有松动和缺损，键应配合紧密且无松动。

（4）柱销联轴器的弹性圈，齿轮联轴器的密封圈，如有损坏老化，应及时更换。

（5）齿轮联轴器和十字滑块联轴器应按照使用说明书规定润滑。

83. 制动器装设有哪些要求?

（1）动力驱动的起重机械，其起升、变幅、运行、回转机构都应安装可靠的制动装置（液压缸驱动的除外）；当机构要求具有载荷支持作用时，应装设机械常闭式制动器。在运行、回转机构的传动装置中有自锁环节的特殊场合，如能确保不发生超过许用应力的运动或自锁失败，也可以不用制动器。

（2）对于吊钩起重机，起吊物在下降制动时的制动距离（控制器在下降速度最低挡稳定运行，拉回零位后，从制动器断电至物品停止时的下滑距离）不应大于 1 min 内稳定起升距离的 1/65。

84. 制动器的零件更换或报废制动器有哪些要求?

制动器的零件出现下述情况之一时，其零件应更换或报废制动器：

（1）驱动装置。电磁铁线圈或电动机绕组烧损；推动器推力达不到松闸要求或无推力。

（2）制动弹簧。弹簧出现塑性变形且变形量达到了弹簧工作变形量的 10%以上；弹簧表面出现 20%以上的锈蚀或有裂纹等缺陷的明显损伤。

（3）传动构件。构件出现影响性能的严重变形；主要摆动铰点出现严重磨损，并且磨损导致制动器驱动行程损失达原驱动行程 20%以上时。

（4）制动衬垫。铆接或组装式制动衬垫的磨损量达到衬垫原始厚度的 50%；带钢背的卡装式制动衬垫的磨损量达到衬垫原始厚度的 2/3；制动衬垫表面出现炭化或剥脱面积达到衬垫面积的 30%；制动衬垫表面出现裂纹或严重的龟裂现象。

制动轮出现下述情况之一时，应报废：影响性能的表面裂纹等缺陷；起升、变幅机构的制动轮，制动面厚度磨损达原厚度的 40%；其他机构的制动轮，制动面厚度磨损达原厚度的 50%。

85. 车轮的报废标准有哪些规定?

在钢轨上工作的车轮出现下列情况之一时，应报废：

（1）影响性能的表面裂纹等缺陷；

（2）轮缘厚度磨损达原厚度的 50%；

（3）轮缘弯曲变形达原厚度的 20%；

（4）踏面厚度磨损达原厚度的 15%；

（5）当运行速度低于 50 m/min 时，圆度达 1 mm；当运行速度高于 50 m/min 时，圆度达 0. 1 mm。

86. 起重机械构件的高强度螺栓拧紧有哪些要求?

高强度螺栓应按起重机械安装说明书的要求，用力矩扳手或专用工具拧紧。连接副的施拧顺序和初拧、复拧扭矩应符合设计要求和《钢结构高强度螺栓连接技术规程》（JGJ 82—2011）的规定。扭矩扳手应定期标定并有标定记录。高强度螺栓应有拧紧施工记录。

87. 钢丝绳的定义是什么?

钢丝绳是至少有两层钢丝围绕一个中心钢丝或多个股围绕一个绳芯螺旋捻制而成的结构。分为多股钢丝绳和单捻钢丝绳。

88. 钢丝绳标记系列由哪些内容组成?

钢丝绳标记系列应由下列内容组成：尺寸、钢丝绳结构、芯结构、钢丝绳级别（适用时）、钢丝表面状态、捻制类型及方向。

89. 起重机械的零部件中钢丝绳有哪些要求?

（1）起升机构和非平衡变幅机构不应使用接长的钢丝绳。

（2）吊运熔融或炽热金属的钢丝绳，应采用性能不低于《重要用途钢丝绳》（GB 8918—2006）规定的钢丝绳。

90. 钢丝绳端部的固定和连接有哪些要求?

（1）用绳夹连接时，应满足表 2-1 的规定，同时应保证连接强度不小于钢丝绳最小破断拉力的 85%。

表 2-1　钢丝绳夹连接时的安全要求

钢丝绳公称直径/mm	≤19	19~32	32~38	38~44	44~60
钢丝绳夹最少数量/组	3	4	5	6	7

注：钢丝绳夹夹座应在受力绳头一边；每两个钢丝绳夹的间距不应小于钢丝绳直径的6倍。

（2）用编结连接时，编结长度不应小于钢丝绳直径的 15 倍，并且不小于 300 mm，连接强度不应小于钢丝绳最小破断拉力的 75%。

（3）用楔块、楔套连接时，楔套应用钢材制造，连接强度不应小于钢丝绳最小破断拉力的 75%。

（4）用锥形套浇铸法连接时，连接强度应达到钢丝绳的最小破断拉力。

（5）用铝合金套压缩法连接时，连接强度应达到钢丝绳最小破断拉力的 90%。

91. 钢丝绳日常检查有哪些要求？

应按照起重机械制造商和（或）钢丝绳制造商或供货商提供的有关钢丝绳的使用说明书进行日常检查。

（1）应在特定的日期与预期的钢丝绳工作区段进行外观检查，目的是发现一般的劣化现象或机械损伤。此项检查应包括钢丝绳与起重机的连接部位。

（2）对钢丝绳在卷筒和滑轮上的正确位置应检查确认，确保钢丝绳没有脱离正确的工作位置。

（3）所有观察到的状态变化都应报告，并且由主管人员根据定期检查规定对钢丝绳进行进一步的检查。

（4）无论何时，只要索具安装发生变动，如当起重机械移动作业现场或重新安装索具后，都应按规定对钢丝绳进行外观检查。

92. 起重机钢丝绳可见断丝的报废基准有哪些规定？

（1）断丝随机地分布在单层缠绕的钢丝绳经过一个或多个钢制

滑轮的区段和进出卷筒的区段，或者多层缠绕的钢丝绳位于交叉重叠区域的区段。报废基准见《起重机 钢丝绳 保养、维护、检验和报废》（GB/T 5972—2016）中表 3 或表 4 的规定。

（2）在不进出卷筒的钢丝绳区段出现的呈局部聚集状态的断丝。如果局部聚集集中在一个或两个相邻的绳股，即使 6 倍的钢丝绳公称直径范围内的断丝数低于《起重机 钢丝绳 保养、维护、检验和报废》（GB/T 5972—2016）中表 3 和表 4 的规定，应予报废。

（3）股沟断丝。在一个钢丝绳捻距（大约为 6 倍的钢丝绳公称直径的长度）内出现两个及以上断丝，应予报废。

（4）绳端固定装置处出现两个及以上断丝，应予报废。

93. 起重机钢丝绳直径减小的报废基准有哪些规定？

（1）在卷筒上单层缠绕和（或）经过钢制滑轮的钢丝绳区段，钢丝绳直径沿钢丝绳长度等值减小。报废基准见《起重机 钢丝绳 保养、维护、检验和报废》（GB/T 5972—2016）中表 5 中的粗体字。

（2）钢丝绳直径局部减小。如果发现直径有明显的局部减小，如由绳芯或钢丝绳中心区损伤导致的直径局部减小，应报废钢丝绳。

94. 起重机钢丝绳断股的报废基准有哪些规定？

如果钢丝绳发生整股断裂，则应立即报废。

95. 起重机钢丝绳腐蚀的报废基准有哪些规定？

（1）外部腐蚀，钢丝表面重度凹痕以及钢丝松弛，应予报废。

（2）内部腐蚀可见迹象明显，如腐蚀碎屑从外绳股之间的股沟溢出，应予报废。

如果主管人员认为可行，则按《起重机 钢丝绳 保养、维护、检验和报废》（GB/T 5972—2016）附录 C 所给的步骤进行内部检验。

（3）摩擦腐蚀。干燥钢丝和绳股之间的持续摩擦会产生钢制微粒的移动，然后是氧化，并产生形态为干粉（类似红铁粉）状的内部腐蚀碎屑。对此类迹象特征宜进行进一步检查，若仍对其严重性存在怀疑，宜将钢丝绳报废。

96. 起重机钢丝绳出现波浪形的报废基准有哪些规定？

在任何条件下，只要出现以下情况之一，钢丝绳就应报废：

（1）在从未经过、绕进滑轮或缠绕在卷筒上的钢丝绳直线区段上，直尺和螺旋面下侧之间的间隙 $g \geqslant 1/3 \times d$（钢丝绳公称直径）。

（2）在经过滑轮或缠绕在卷筒上的钢丝绳区段上，直尺和螺旋面下侧之间的间隙 $g \geqslant 1/10 \times d$（钢丝绳公称直径）。

97. 起重机钢丝绳出现篮形或灯笼状畸形的报废基准有哪些规定？

出现篮形或灯笼状畸形的钢丝绳应立即报废，或者将受影响的区段去掉，但应保证余下的钢丝绳能够满足使用要求。

98. 起重机钢丝绳出现绳芯或绳股突出的报废基准有哪些规定？

出现绳芯或绳股突出的钢丝绳应立即报废，或者将受影响的区段去掉，但应保证余下的钢丝绳能够满足使用要求。

99. 起重机钢丝绳出现钢丝环状突出的报废基准有哪些规定？

钢丝环状突出通常成组出现在钢丝绳与滑轮槽接触面的背面，发生钢丝突出的钢丝绳应立即报废。钢丝绳外层股之间突出的单根绳芯钢丝，如果能够除掉或在工作时不会影响钢丝绳的其他部分，可以不必将其作为报废钢丝绳的理由。

100. 起重机钢丝绳出现绳径局部增大的报废基准有哪些规定?

钢芯钢丝绳直径增大 5%及以上，纤维芯钢丝绳直径增大 10%及以上，应查明其原因并考虑报废钢丝绳。

101. 起重机钢丝绳出现局部扁平的报废基准有哪些规定?

钢丝绳的扁平区段经过滑轮时，可能会加速劣化并出现断丝。此时，不必根据扁平程度就可考虑报废钢丝绳。

102. 起重机钢丝绳出现扭结的报废基准有哪些规定?

发生扭结的钢丝绳应立即报废。

103. 起重机钢丝绳出现折弯的报废基准有哪些规定?

折弯严重的钢丝绳区段经过滑轮时可能会很快劣化并出现断丝，应立即报废钢丝绳。

如果折弯程度并不严重，钢丝绳需要继续使用时，应对其进行更频繁的检查，否则宜考虑报废钢丝绳。

104. 起重机钢丝绳出现过热和电弧引起的损伤的报废基准有哪些规定?

通常在常温下工作的钢丝绳，受到异常高温的影响，外观能够看出钢丝被加热过后颜色的变化或钢丝绳上润滑脂的异常消失，应立即报废。

如果钢丝绳中的两根或更多的钢丝局部受到电弧影响（例如焊接引线不正确的接地所导致的电弧），应立即报废。

105. 起重机钢丝绳弹性降低会伴随什么情况发生？

钢丝绳弹性降低，在某些情况下常与工作环境有关，致使不能继续使用。这种情况通常很难被发现，但会伴随下列情况发生：

（1）钢丝绳直径减小。

（2）钢丝绳的长度增加。

（3）绳股之间、钢丝之间的间隙减小。

（4）绳股之间、钢丝之间的凹处出现褐色的细粉末（摩擦腐蚀的迹象）。

（5）钢丝绳在使用时有明显的僵硬感，即使还没有可见断丝，直径减小量也比钢丝间的单纯磨损产生的直径减小量大。

2.4　起 重 吊 具

106. 什么是起重吊具？

起重吊具是指在起重机械作业中用于吊运物品的装置。

107. 起重吊具按照与起重机械的连接方式如何分类？

起重吊具按照与起重机械的连接方式可分为可分吊具和固定吊具：

（1）可分吊具。能够方便地从起重机械上拆下的起重吊具。

（2）固定吊具。能吊挂净起重量，并永久固定在起重挠性件下端的起重吊具。

108. 起重吊具按照取物方式如何分类?

起重吊具按照取物方式可分为夹持类、吊挂类、托叉类、吸附类、抓斗类及上述种类的组合：

（1）夹持类起重吊具。通过吊具夹持部分对被吊物品侧面施加正压力，由正压力的作用效果克服被吊物品重力的起重吊具。

夹持类起重吊具按照工作原理可分为重力式夹持起重吊具、动力式夹持起重吊具及重力与动力结合使用的混合式夹持起重吊具，按照夹持物品的形状可分为板坯夹持起重吊具、方坯夹持起重吊具、立卷夹持起重吊具、圆棒夹持起重吊具等。

（2）吊挂类起重吊具。通过悬挂方式支撑被吊物品，且被吊物品质心位于吊具与被吊物品受力面下方的起重吊具。

吊挂类起重吊具可分为吊钩、挂梁、集装箱吊具、卧卷吊具、C形钩和其中几种起重吊具的组合。

（3）托叉类起重吊具。通过货叉叉取载荷或通过托架支撑载荷，且载荷支撑点在货叉或托架上的起重吊具。

托叉类起重吊具可分为起重叉和板垛吊具。

（4）吸附类起重吊具。通过真空负压或磁力吸持被吊物品的起重吊具。

吸附类起重吊具可分为起重真空吸盘和起重磁铁。

（5）抓斗。依靠斗瓣的闭合和张开，抓取和卸出物料的起重吊具。

109. 起重机使用什么吊钩?

起重机使用的吊钩，主要是锻造吊钩和叠片式吊钩。

110. 吊钩的危险断面主要包括哪里?

吊钩的危险断面主要包括承受拉应力的吊钩柄部最小截面处、承受剪切应力的吊钩柄部螺纹处、承受剪切应力的吊钩与吊索具垂直连接处。

111. 锻造吊钩的使用检查及报废标准有哪些?

（1）吊钩的表面不应有裂纹，如有裂纹，应报废。

（2）钩号 006~5 的吊钩应检查开口尺寸，其余钩号的吊钩应检查测量长度，其值超过使用前基本尺寸的 10%时，应报废。

（3）检查吊钩的扭转变形，当吊钩钩身的扭转角超过 10°时，应予报废。

（4）吊钩的钩柄不应有塑性变形，否则应予报废。

（5）吊钩的磨损量不应超过基本尺寸的 5%，否则应予报废。

（6）吊钩钩柄直径腐蚀的尺寸应不大于基本尺寸的 5%，否则应予报废。

（7）吊钩的螺纹不得腐蚀。

（8）吊钩的所有缺陷不允许焊补。

（9）吊钩的检查分为经常性检查和定期检查。经常性检查周期按机构工作级别，M3~M5 为 30 天，M6~M7 为 7~30 天，M8 为 1~7 天；定期检查周期按机构工作级别，M3~M6 为 1 年，M7~M8 为 3 个月。定期检查应做好记录并归档。

112. 叠片式吊钩的使用检查及报废标准有哪些?

（1）使用前应按《起重吊钩 第 13 部分：叠片式吊钩技术条件》（GB/T 10051.13—2010）中 6.2 的规定检查吊钩的标志，应与制造商的合格证明书相一致。

（2）吊钩的表面不应有裂纹，特别要检查吊钩的吊孔部位，如有裂纹，则应更换。

（3）如果观察到吊钩的危险断面及钩颈处有变形，或当侧向变形的弯曲半径小于板厚的 10 倍时，则应更换。

（4）检查吊钩轴套和钩口护板、防碰护板，其磨损量不允许超过《起重吊钩 第 15 部分：叠片式单钩》（GB/T 10051.15—2010）规定的基本尺寸的 5%。

（5）吊钩的所有缺陷都不允许焊补。

（6）吊钩的检查分为经常性检查和定期检查。经常性检查周期按机构工作级别，M3～M5 为 30 天，M6～M7 为 7～30 天，M8 为 7 天；定期检查周期按机构工作级别，M3～M6 为 3 年，M7～M8 为 1 年。定期检查应做好记录并归档。

113. 各类吊钩使用的通用规定有哪些?

（1）起重机不应使用铸造吊钩。

（2）吊钩不得超负荷使用。

（3）当使用条件或操作方法会导致重物意外脱钩时，应采用防脱绳带闭锁装置的吊钩；当吊钩起升过程中有被其他物品钩住的危险时，应采用安全吊钩或采取其他有效措施。

（4）吊钩的吊点应力求与吊重重心在同一条铅垂线上，使吊重处于稳定平衡状态，否则提升前应做试吊试验，直到使吊重获得平衡为止，防止提升时产生滑动或滚动。

（5）挂吊索时要将吊索挂至吊钩底部，如需将吊钩直接挂在构件的吊环中，不能硬别，以免使钩身受侧向力产生扭曲变形。

114. 抓斗的使用有哪些要求？

（1）抓卸适合抓斗搬运的物料。

（2）抓斗的升降应保持平衡，保持垂直抓取，快慢适宜，防止因碰撞而造成转动。

（3）抓满物料的抓斗，不应悬吊 10 min 以上，以防开斗伤人。

（4）禁止用抓斗砸撞地面物体、物料。

（5）禁止同时进行两种以上的动作，禁止在提升的同时旋转。

115. 抓斗的维护检查及报废标准有哪些？

（1）抓斗应每周检查一次，工作繁重的抓斗更应重视检查。检查的重点是：钢丝绳的固接情况、磨损情况；滑轮轴磨损和轮缘的磨损情况；螺栓、螺母的紧固情况及损坏情况；刃口的磨损情况以及润滑情况。

（2）检查发现达到报废标准的零部件要及时报废、更换，刃口板出现裂纹的应停止使用，刃口板变形和磨损超差的应修理或更换，铰链销轴磨损超过原直径的 10%应更换，衬套磨损超过原厚度的 20%应更换。

（3）更换零部件时应遵从互换性原则，尽量避免破坏其原来的装配方式。对新更换的刃口板，应严格检查焊缝质量。

（4）要保证润滑及时和充分。

116. 起重电磁铁如何使用?

起重电磁铁是通过电磁力吸持并搬运钢材类磁性物料（如废钢、钢板、型材等）的设备。使用要求如下：

（1）起重电磁铁作业时，2 m 以内不得有人和车辆，接触吊重后方可通电或按使用说明书规定的安全要求进行作业。

（2）起重电磁铁未与被起升重物接触时，不应通电。

（3）起重电磁铁应小心地下降到重物上。

（4）接通电源的起重电磁铁，待电流完全升高后方可起升。起升离地后，应短时静止暂停，在确认吊重与电磁铁之间无间隙、无异物、吊重已可靠吸牢时，方可继续起升吊运。

（5）应按通电持续率要求作业，当停止使用或休息时，应切断起重电磁铁电源。

（6）电磁铁操作中不允许碰到固体障碍物，不得受冲击，下降时不得坠放，严禁当重锤使用。

（7）吊运废钢时，应尽量使电磁铁在废钢上放平，并注意竖着或突出电磁铁的废钢随时有可能落下的危险。

（8）使用中应尽可能使载荷的重心对称。吊运长钢材时，一般重心偏移应不大于钢材长度的 10%；使用悬挂两块起重电磁铁的横梁时，重心偏移应不大于两块电磁铁重心间距的 10%。

（9）电磁铁吊链环或吊具在工作过程中不应发生变形、裂纹。

（10）炽热金属不应使用起重电磁铁起吊（特殊设计工况除外）。

117. 起重电磁铁在什么情况下应停止使用?

起重电磁铁零部件、配套件出现下列情况之一时，应停止使用：

（1）磁极磨损至焊缝；

（2）电磁铁表面裂纹；

（3）电缆供电的起重电磁铁端子箱盖缺失；

（4）供电电缆破损、绝缘破坏；

（5）永磁式起重电磁铁卸载系统失灵，或机械卸载机构塑性变形、裂纹、断裂；

（6）电磁吸盘横梁连接的电磁铁，因短环链或磁极磨损，在吸运长钢材时，个别电磁铁链条不起承载作用；

（7）声光报警装置失灵；

（8）蓄电池电压、电流出现异常，达不到技术要求；

（9）吸运钢板、型钢的专用起重电磁铁起重能力低于原设计要求；

（10）链条达到规定的索具更换或报废的标准。

118. 起重真空吸盘停止使用和报废标准是如何规定的？

起重真空吸盘是利用真空原理、通过吸盘与物体表面接触密封产生负压、从而实现吊运物体的专用吊具。其零部件出现下列情况之一时，应停止使用，如不能修复应报废：

（1）承载结构塑性变形、裂纹、断裂；

（2）链环应更换或报废时；

（3）真空系统密封损坏，软管压扁，真空度（或最大吸引能力）小于原设计要求；

（4）压力真空表和超载报警器失灵。

119. 手动起重用夹钳有哪些使用要求？

（1）被吊物品夹持部位的尺寸应符合相应用途手动起重用夹钳

规定的范围。

（2）被吊物品夹持部位的硬度应不大于 37 洛氏硬度（HRC），且其表面不应黏附可能降低夹持摩擦力的介质，如油脂、附着物等。

（3）使用手动起重用夹钳时，应匀速起吊，不应有明显的冲击性提速或降落，避免碰撞。

（4）起吊板材时，除非有能保证安全使用的专门工装，否则不应叠加吊运。

（5）成对使用的手动起重用夹钳，吊点夹角应不大于 60°。当吊点夹角大于 60°时，其极限工作载荷应按《手动起重用夹钳》（JB/T 7333—2013）附录 A 中 A. 2 进行相应的折算。

（6）两对手动起重用夹钳同时使用时，应采用平衡梁装置且应使每对手动起重用夹钳受力均匀。

120. 手动起重用夹钳的报废标准是如何规定的?

手动起重用夹钳出现下列情况之一时，应报废：

（1）开口尺寸增量达到原尺寸的 5%；

（2）钳轴直径磨损量达到原直径的 5%；

（3）钳轴孔直径磨损量达到原直径的 10%；

（4）钳舌、钳口垫板等零件的齿形磨损量达到原齿高的 20%；

（5）钳轴弯曲变形达到原长度的 0. 25%。

121. 冶金吊具专用夹钳的更新或报废标准是如何规定的?

冶金吊具专用夹钳主要受力构件出现下列情况应更新或报废：

（1）裂纹（铸造钳臂横向裂纹）；

（2）严重扭曲变形和弯曲；

（3）杆件断面磨损、腐蚀达到原尺寸的 10%；

（4）钳爪（钳口）、吊牙磨损、损坏不能满足安全吊运要求；

（5）脱锭、钢锭夹钳钳架滑槽磨损严重影响夹紧。

122. 何谓梁式吊具？按吊具结构如何分类？

梁式吊具是以梁体为主体，用于悬挂负载且满足负载吊运要求，并能够与起重机吊钩连接的装置。

梁式吊具按吊具结构可分为：一字型吊具、工字型吊具、双层型吊具、门型吊具、C 型吊具、多翼型吊具、井字型吊具等。

123. 何谓集装箱吊具？有哪些基本类型？

集装箱吊具是一种通过起重机械和起重设备承上启下的吊运工具，它具有与集装箱箱体相适应的结构，通过位于角部的转锁与箱体的角件连接，进行集装箱起吊作业。

集装箱吊具有固定式和伸缩式两种基本类型。

124. 集装箱吊具的使用有哪些要求？

（1）集装箱的装卸方法应符合相关标准的要求。

（2）除叉装作业外，吊具必须通过集装箱同一水平面的 4 个角件与集装箱连接，否则不得起吊。

（3）当用手动、半自动挂摘转锁或吊钩作业时，起吊前应逐个检查确认是否满足了挂摘要求；当使用具有联锁安全保护装置的吊具作业时，应目视指示装置，当确认全部挂牢或解锁时方能起吊。

（4）当用框架环眼吊钩起吊 25 t 以上载荷时，集装箱在任何方向的倾角不得超过 10°。

（5）应明确区分集装箱是重箱还是空箱，如无法查明，则应按重箱处理。

（6）单点起吊时，应特别注意因集装箱重心偏离造成倾斜所带来的危险。

（7）在起吊重心易于移动或重心偏离的集装箱时，应谨慎操作。如罐式集装箱、干散货集装箱、装有液体散装袋的集装箱、装有悬挂货物的集装箱或有制冷装置的温控集装箱（整体式或外置式）。

（8）集装箱在着地时要注意轻放。不应在任何表面上拖、推集装箱。在场地上，集装箱应仅由 4 个底角件支承。堆码时，上、下集装箱的底角件与顶角件应充分接触。

125. 集装箱吊具停止使用和报废标准是如何规定的？

集装箱吊具零部件出现下列情况之一时应停止使用，如不能修复，应报废：

（1）转锁、搭钩变形或有裂纹；

（2）单个转锁与集装箱角件的承接面积小于 800 mm^2；

（3）结构件扭曲变形或焊缝开裂，子母式吊具联接销轴变形或有裂纹；

（4）转锁、搭钩斜对角中心距超差；

（5）转锁、搭钩的开闭指示装置、安全保护（联锁）装置失灵。

126. 起重吊具的使用有哪些通用要求？

（1）吊具应与吊重种类、吊运具体要求以及环境条件相适应。

（2）作业前应对吊具（含控制、制动系统和安全防护装置）进行检查，当确认完好、功能正常时方可投入使用。

（3）吊具承载时不得超过额定起重量。

（4）作业时不得损坏吊具与吊件。

127. 起重吊具主要受力构件的报废标准有哪些规定？

（1）主要受力构件失去整体稳定性时应报废。

（2）主要受力构件断面腐蚀、磨损达原厚度的 10%，如不能修复应报废。

（3）当主要受力构件产生裂纹时，在不改变构件原设计性能的情况下，可根据受力和裂纹状况，采取加强或改变应力分布措施阻止裂纹扩展；如不能修复应报废。

（4）当主要受力构件产生永久变形超过原状态 10%或使吊具不能正常安全作业时，如不能修复应报废。

128. 起重吊具主要零部件的报废标准有哪些规定？

（1）螺纹连接紧固件出现下列情况之一时，应报废：

1）塑性变形；

2）裂纹；

3）螺纹倒牙、脱扣。

（2）吊耳与耳轴出现下列情况之一时，应报废：

1）塑性变形；

2）裂纹；

3）吊耳、耳轴或耳轴套磨损减少原尺寸的 5%。

（3）铸件出现下列情况之一时，应报废：

1）塑性变形或缺陷经过焊补；

2）危险断面磨损减少原尺寸的5%；

3）沟槽磨损超出允许磨损范围不能修复时；

4）冶金加料起重机的挑杆、夹钳臂横向裂纹；

5）其他影响安全使用的内部开裂与表面裂纹。

（4）铰接连接的销轴与轴套出现下列情况之一时，应报废：

1）塑性变形；

2）裂纹；

3）销轴与轴套配合间隙增大，不能满足构件相对运动需要；

4）销轴断面磨损达原尺寸的5%，应报废销轴。

2.5 起重机械安全防护装置

129. 起升高度限位器和下降深度限位器有什么装设要求？

起升高度限位器是用来防止固定吊具起升时超出规定上限高度的装置。

下降深度限位器是用来确保起重机械作业期间起升挠性件安全圈数的装置。例如，保持起升卷筒上钢丝绳的最少圈数。

起重机械的起升机构均应装设起升高度限位器。用内燃机驱动，中间无电气、液压、气压等传动环节而直接进行机械连接的起升机构，可以配备灯光或声响报警装置，以替代限位开关。

当取物装置上升到设计规定的上极限位置时，限位器应能立即切断起升动力源。在此极限位置的上方，还应留有足够的空余高度，以适应上升制动行程的要求。在特殊情况下，如吊运熔融金属，还应装设防止越程冲顶的第二级起升高度限位器，第二级起升高度限位器应分断更高一级的动力源。

起重机械在需要时，应设下降深度限位器，当取物装置下降到设计规定的下极限位置时，应能立即切断下降动力源。

切断上述运动方向的电源后，仍可进行相反方向运动（第二级起升高度限位器除外）。

动力驱动的通用桥式起重机、通用门式起重机以及轮胎起重机、履带起重机、铁路起重机、塔式起重机、门座起重机、固定式起重机、缆索起重机、电动葫芦，根据需要装设起升高度限位器和下降深度限位器。

130. 运行行程限位器有什么装设要求?

运行行程限位器是用来防止起重机械沿轨道的各种类型运动超越所规定的极限位置的装置。

起重机械和起重小车（悬挂型电动葫芦运行小车除外）应在每个运行方向装设运行行程限位器，在达到设计规定的极限位置时自动切断前进方向的动力源。在运行速度大于 100 m/min，或停车定位要求较严的情况下，宜根据需要装设两级运行行程限位器，第一级发出减速信号并按规定要求减速，第二级应能自动断电并停车。

动力驱动的通用桥式起重机在大车和小车运行的极限位置、通用门式起重机在大车和小车运行的极限位置（悬挂葫芦小车除外）以及塔式起重机、门座起重机、缆索起重机，应装设运行行程限位器。

131. 幅度限位器和幅度指示器有什么装设要求?

幅度限位器是用来防止臂架、主臂、副臂、A 形框架或塔架（立柱）的俯仰超出规定极限位置的装置。

幅度指示器是用于显示回转中心线到吊载中心线的水平距离的装置。

（1）对动力驱动的动臂变幅的起重机械（液压变幅除外），应在臂架俯仰行程的极限位置处装设臂架低位置和高位置的幅度限位器。

（2）对采用移动小车变幅的塔式起重机，应装设幅度限位装置以防止可移动的起重小车快速达到其最大幅度或最小幅度处。最大变幅速度超过 40 m/min 的塔式起重机，在小车向外运行且当起重力矩达到额定值的 80%时，应自动转换为低于 40 m/min 的低速运行。

（3）具有变幅机构的起重机械，应装设幅度指示器（或臂架仰角指示器）。

塔式起重机、门座起重机和固定式起重机在吊臂幅度的极限位置应装设幅度限位器。

轮胎起重机、履带起重机、铁路起重机、塔式起重机、门座起重机应装设幅度指示器，固定式起重机宜装设幅度指示器。

132. 防止臂架向后倾翻的装置有什么装设要求?

具有臂架俯仰变幅机构（液压油缸变幅除外）的起重机械，应装设防止臂架后倾装置，以保证当变幅机构的行程开关失灵时，能阻止臂架向后倾翻。

轮胎起重机、履带起重机（油缸变幅除外）、铁路起重机（油缸变幅除外）、塔式起重机（动臂变幅的）、门座起重机（单臂架钢丝绳变幅的)、固定式起重机应装设防止臂架向后倾翻的装置。

133. 回转限位和回转锁定装置有什么装设要求?

回转限位器是用来防止回转超出规定角度的装置。起重机械的回转机构需要限制回转范围时,应装设回转角度限位器。

对于流动式起重机及其他回转起重机的回转部分,在需要时应装设回转锁定装置。

轮胎起重机、履带起重机、铁路起重机应装设回转锁定装置。

134. 垂直支腿回缩锁定装置有什么装设要求?

工作时利用垂直支腿支承作业的流动式起重机,垂直支腿伸出定位应由液压系统实现;且应装设支腿回缩锁定装置,使支腿在缩回后,能可靠地锁定。

支腿回缩锁定装置最简单的是采用机械锁定,即手动锁销或螺旋锁紧螺母。

135. 防碰撞装置有什么装设要求?

防碰撞装置是用于防止起重机械或起重机械的零部件在同一空间内同时动作时与固定吊具碰撞的装置。

当两台或两台以上的起重机械或起重小车运行在同一轨道上时,应装设防碰撞装置。在发生碰撞的任何情况下,司机室内的减速度不应超过 5 m/s^2。

起重机械防碰撞装置通常采用光线、微波、超声波等无触点方式,利用声波和电磁波作为检测波,设定防碰主体与客体之间的距离,实现报警、控制起重机械减速和停止运行的功能。

对于通用桥式起重机、通用门式起重机、门座起重机，有两台以上起重机在同一轨道运行工作时，应装设防碰撞装置。

136. 缓冲器及端部止挡有什么装设要求?

缓冲器用以吸收起重机械与起重机械、轨道端部止挡撞击时的动能，保护起重机械不因撞击而损坏。

在轨道上运行的起重机械的运行机构、起重小车的运行机构及起重机械的变幅机构等均应装设缓冲器或缓冲装置。

通用桥式起重机和通用门式起重机（在大车、小车运行机构或轨道端部）以及塔式起重机、门座起重机（在运行机构或轨道端部）、缆索起重机（在大车运行机构或轨道端部）应装设缓冲器。

137. 轨道端部止挡有什么装设要求?

轨道端部止挡的作用，是防止起重机械冲出轨道，撞击厂房建筑或脱离轨道。

通用桥式起重机（在运行机构）、通用门式起重机（在运行机构）、缆索起重机（在运行机构）以及塔式起重机（在行走式的运行机构与变幅机构）、门座起重机（在运行机构与变幅机构）、固定式起重机（在变幅机构），应装设轨道端部止挡。

有螺杆和齿条等的变幅驱动机构，还应在变幅齿条和变幅螺杆的末端装设端部止挡防脱装置，以防止臂架在低位置发生坠落。

138. 偏斜指示器或限制器有什么装设要求?

当两侧支腿运行不同步而发生偏斜时，偏斜指示器或限制器能向司机指示偏斜情况。在达到设计规定值时，偏斜指示器或限制器还可使运行偏斜得到调整和纠正。

跨度等于或大于 40 m 的通用门式起重机和装卸桥应装设偏斜指示器或限制器。

139. 水平仪有什么装设要求?

水平仪主要是通过测出起重机械底盘前后左右方向的水平度来控制支腿，使起重机械保持水平状态，防止发生倾翻事故。

利用支腿支承或履带支承进行作业的起重机械应装设水平仪，用来检查起重机械底座的倾斜程度。

140. 起重量限制器有什么装设要求?

起重量限制器是在正常工作使用期间考虑了动力效应的情况下，自动防止起重机械搬运载荷超过其额定起重量的装置。

当实际起重量超过 95% 的额定起重量时，起重量限制器发出报警信号（机械式除外）；当实际起重量在 100%～110% 的额定起重量时，起重量限制器起作用，自动切断起升动力源，但允许机构作下降运动。

内燃机驱动的起升机构和（或）非平衡变幅机构，如果中间没有电气、液压或气压等传动环节而直接与机械连接，该起重机械可以配备灯光或声响报警装置来替代起重量限制器。

对于动力驱动的 1 t 及以上无倾覆危险的起重机械，应装设起重量限制器。对于有倾覆危险的且在一定的幅度变化范围内额定起重量不变化的起重机械也应装设起重量限制器。

动力驱动的通用桥式起重机、通用门式起重机、塔式起重机和额定起重机不随幅度而变化的门座起重机、固定式起重机以及缆索起重机、电动葫芦，应装设起重量限制器。

141. 起重力矩限制器有什么装设要求？

当实际起重量超过实际幅度所对应的起重量的额定值的95%时，起重力矩限制器发出报警信号；当实际起重量大于实际幅度所对应的起重量额定值但小于110%的起重量额定值时，起重力矩限制器起作用，自动切断不安全方向（上升、幅度增大、臂架外伸或这些动作的组合）的动力源，但允许机构作安全方向的运动。

额定起重量随工作幅度变化的起重机械，应装设起重力矩限制器。

内燃机驱动的起升机构和（或）平衡变幅机构，如果中间没有电气、液压或气压等传动环节而直接与机械连接，该起重机械可以配备灯光或声响报警装置来替代起重力矩限制器。

轮胎起重机、履带起重机、铁路起重机、塔式起重机以及额定起重量随幅度而变化的门座起重机、固定式起重机，应装设起重力矩限制器。

142. 起重力矩限制器应至少具备哪些功能？

（1）操作中应持续显示额定起重量或额定起重力矩、实际起重量或实际起重力矩、载荷百分比，并应通过指示灯显示载荷状态。

1）绿灯亮：表示实际起重量或实际起重力矩小于实际幅度所对应的额定起重量或额定起重力矩的90%。

2）黄灯亮：表示实际起重量或实际起重力矩在实际幅度所对应的额定起重量或额定起重力矩的90%~100%，同时蜂鸣器断续报警。

3）红灯亮：表示实际起重量或实际起重力矩大于实际幅度所对

应的额定起重量或额定起重力矩的 100%，同时蜂鸣器连续报警。

（2）报警消音功能。

（3）显示工作幅度、臂架仰角。

（4）当实际起重量为 100%～110%的额定起重量时，自动停止起重机械向危险方向的动作。

（5）允许强制作业功能。打开强制作业开关，起重机械应允许在额定起重量的 100%～110%操作。工作速度应满足以下要求：

1）电控系统：速度小于最大允许工作速度的 15%。

2）液控系统：速度小于最大允许工作速度的 25%。

（6）在达到起升高度、下降深度、超载、角度限位等极限状态时，应显示相应的报警指示。即使打开强制作业开关，上述报警指示不应自动解除。

143. 极限力矩限制装置有什么装设要求？

对有自锁作用的回转机构，应装设极限力矩限制装置。保证当回转运动受到阻碍时，能由此力矩限制器发生的滑动而起到对超载的保护作用。

回转机构有可能自锁的塔式起重机、门座起重机、固定式起重机，应装设极限力矩限制器。

144. 抗风防滑装置有什么装设要求？

（1）室外工作的轨道式起重机应装设可靠的抗风防滑装置，并应满足规定的工作状态和非工作状态抗风防滑要求。

（2）工作状态下的抗风制动装置可采用制动器、轮边制动器、夹轨器、顶轨器、压轨器、别轨器等，其制动与释放动作应考虑与运行机构联锁并应能从控制室内自动进行操作。

（3）起重机械只装设抗风制动装置而无锚定装置的，抗风制动装置应能承受起重机械非工作状态下的风载荷；当工作状态下的抗风制动装置不能满足非工作状态下的抗风防滑要求时，还应装设牵缆式、插销式或其他形式的锚定装置。起重机械有锚定装置时，锚定装置应能独立承受起重机械非工作状态下的风载荷。

（4）非工作状态下的抗风防滑设计，如果只采用制动器、轮边制动器、夹轨器、顶轨器、压轨器、别轨器等抗风制动装置，其制动与释放动作应考虑与运行机构联锁，并应能从控制室内自动进行操作（手动控制防风装置除外）。

（5）在下列情况下，锚定装置应确保起重机械及其相关部件安全可靠：

1）起重机械进入非工作状态并且锚定时。

2）起重机械处于工作状态，进行正常作业并实施锚定时。

3）起重机械处于工作状态且在正常作业，突然遭遇超过工作状态极限风速的风载而实施锚定时。

通用门式起重机、行走式塔式起重机以及门座起重机、缆索起重机，应装设抗风防滑装置。

145. 防倾翻安全钩有什么装设要求？

起重吊钩装在主梁一侧的单主梁起重机械、有抗震要求的起重机械及其他有类似防止起重小车发生倾翻要求的起重机械，应装设防倾翻安全钩。

146. 联锁保护安全装置有什么装设要求？

（1）进入桥式起重机、门式起重机的门，与从司机室登上桥架的舱口门，应设联锁保护。当门打开时，应断开由于机构动作可能会对人员造成危险的机构的电源。

（2）司机室与进入通道有相对运动时，在进入司机室的通道口应设联锁保护。当通道口的门打开时，应断开由于机构动作可能会对人员造成危险的机构的电源。

（3）两处或多处操作的起重机械，应设联锁保护，以保证只能在一处操作，防止两处或多处同时操作。

（4）当既可以电动，也可以手动驱动时，相互间的操作转换应能联锁。

（5）夹轨器等制动装置和锚定装置应能与运行机构联锁。

（6）对小车在可俯仰的悬臂上运行的起重机械，悬臂俯仰机构与小车运行机构应能联锁，使俯仰悬臂放平后小车方能运行。

通用桥式起重机、通用门式起重机、塔式起重机、门座起重机、固定式起重机，按有关要求应装设联锁保护安全装置。

147. 风速风级报警器有什么装设要求？

（1）室外作业的高大起重机械应安装风速仪，风速仪应安置在起重机械上部迎风处。

（2）室外作业的高大起重机械应装有显示瞬时风速的风速报警器，且当风力大于工作状态的计算风速设定值时，应能发出报警信号。

通用门式起重机、轮胎起重机和履带起重机起升高度大于 12 m，塔式起重机臂架绞点高度大于 50 m 时以及门座起重机、缆索起重机，应装设风速风级报警器。

148. 轨道清扫器有什么装设要求?

当物料有可能积存在轨道上成为运行的障碍时，在轨道上行驶的起重机械和起重小车，应在台车架（或端梁）下面和小车架下面装设轨道清扫器，其扫轨板底面与轨道顶面之间的间隙一般为 5~10 mm。

通用桥式起重机、通用门式起重机在大车运行机构和行走式塔式起重机以及门座起重机、缆索起重机，应装设轨道清扫器。

149. 防小车坠落保护装置有什么装设要求?

塔式起重机的变幅小车及其他起重机械要求防坠落的小车，应设置使小车运行时不脱轨的装置，即使轮轴断裂，小车也不能坠落。

150. 检修吊笼或平台有什么装设要求?

需要经常在高空进行起重机械自身检修作业的起重机，应装设安全可靠的检修吊笼或平台。

151. 导电滑触线的安全防护有什么装设要求?

(1) 桥式起重机司机室位于大车滑触线一侧，在有触电危险的区段，通向起重机的梯子和走台与滑触线间应设置防护板进行隔离。

(2) 桥式起重机大车滑触线侧应设置防护装置，以防止小车在端部极限位置时因吊具或钢丝绳摇摆与滑触线意外接触。

(3) 多层布置桥式起重机时，下层起重机应采用电缆或安全滑触线供电。

(4) 其他使用滑触线的起重机械，对易发生触电的部位应设防护装置。

152. 作业报警装置有什么装设要求?

必要时，在起重机械上应设置蜂鸣器、闪光灯等作业报警装置。

流动式起重机倒退运行时，应发出清晰的报警声响并伴有灯光闪烁信号。

通用桥式起重机、通用门式起重机、轮胎起重机、履带起重机及大车运行的门座起重机应装设作业报警装置。

153. 暴露的活动零部件的防护罩有什么装设要求?

在起重机械正常工作或维修时，为防止异物进入零部件或运行时对人员可能造成危险，应设有保护装置。对起重机械上外露的、有可能伤人的运动零部件，如开式齿轮、联轴器、传动轴、链轮、链条、传动带、皮带轮等，均应装设防护罩（栏）。

154. 电气设备的防雨罩有什么装设要求?

露天工作的各类起重机械上的电气设备，当防护等级不能满足要求时，应采取防雨措施，装设防雨罩。

2.6　起重机械配电系统和电气保护

155. 起重机械电源切断有什么要求?

起重机械应装设切断起重机械总电源的电源开关。

电源开关可以是隔离开关、与开关电器一起使用的隔离器、具有隔离功能的断路器。

156. 起重机械总断路器有什么要求?

总电源回路应设置总断路器，总断路器的控制应具有电磁脱扣功能，其额定电流应大于起重机械额定工作电流，电磁脱扣电流整定值应大于起重机械最大工作电流。总断路器的断弧能力应能断开在起重机械上发生的短路电流。

157. 起重机械动力电源接触器有什么要求?

动力电源回路宜设置能够分断动力线路的接触器。

158. 起重机械紧急停止开关有什么要求?

每台起重机械应备有一个或多个可从操作控制站操作的紧急停止开关，当有紧急情况时，应能够停止所有运动的驱动机构。紧急停止开关动作时不应切断可能造成物品坠落的动力回路（如电磁盘、气动吸持装置）。紧急停止开关应为红色，并且不能自动复位。

需要时，紧急停止开关还可另外设置在其他部位。

对于那些可造成附带危险的起重机械驱动机构，不需要停止所有运动驱动机构，例如，对于门式起重机，利用其靠近地面所设置的紧急停止开关，在地面上操作停止起重机械大车运行即可。

159. 起重机械零位保护有什么要求?

起重机械各传动机构应设有零位保护。机构运行中若因故障或失压停止运行，当重新恢复供电时，机构不得自行动作，应人为将控制器置回零位后，机构才能重新启动。

160. 起重机械失压保护有什么要求?

当起重机械供电电源中断后，凡涉及安全或不宜自动开启的用电设备均应处于断电状态，避免恢复供电后用电设备自动运行。

161. 起重机械超速保护有什么要求?

对于重要的、负载超速会引起危险的起升机构和非平衡式变幅机构应设置超速开关。超速开关的整定值取决于控制系统性能和额定下降速度，通常为额定速度的 1.25~1.4 倍。

162. 起重机械接地有哪些要求?

（1）交流供电起重机电源应采用三相（3Φ+PE）供电方式。应根据不同电网采用不同型式的接地故障保护。

（2）起重机械本体的金属结构应与供电线路的保护导线可靠连接。起重机械的钢轨可连接到保护接地电路上。但是，它们不能取代从电源到起重机械的保护导线（如电缆、集电导线或滑触线）。司机室与起重机械本体接触点之间应用双保护导线连接。

（3）起重机械所有电气设备外壳、金属导线管、金属支架及金属线槽应根据配电网情况进行可靠接地（保护接地或保护接零）。

（4）严禁用起重机械金属结构和接地线作为载流零线（电气系统为安全电压除外）。

（5）对于保护接零系统，起重机械的重复接地或防雷接地的接地电阻不大于 10 Ω，对于保护接地系统的接地电阻不大于 4 Ω。

163. 起重机械照明与信号有哪些要求？

（1）每台起重机械的照明回路的进线侧应从起重机械电源侧单独供电，当切断起重机械总电源开关时，工作照明不应断电。各种照明均应设短路保护。

（2）当室外起重机械总高度大于 30 m 时，且周围无高于起重机械顶尖的建筑物和其他设施，两台起重机械之间有可能相碰，或起重机械及其结构妨碍空运或水运，应在其顶部装设红色障碍灯。灯的电源不应受起重机械停机影响而断电。

（3）起重机械应有指示总电源分合状况的信号，必要时还应设置故障信号或报警信号。信号指示应设置在司机或有关人员视力、听力可及的地点。

2.7　起重机械类别品种及其特点

164. 桥式起重机及其列入《特种设备目录》的品种有哪些？

桥式起重机属于桥架型起重机，是取物装置悬挂在能沿桥架运行的起重小车、葫芦或臂架起重机上的起重机。

列入《特种设备目录》的桥式起重机分为通用桥式起重机、防爆桥式起重机、绝缘桥式起重机、冶金桥式起重机、电动单梁起重机和电动葫芦桥式起重机 6 个品种。

165. 通用桥式起重机主梁上拱度有什么要求？

通用桥式起重机主梁应有上拱度，静载试验后的主梁，当空载小车在极限位置时，上拱最高点应在跨度中部 $S/10$（S 为跨度）范围内，其值应不小于 $0.7S/1\ 000$。

166. 防爆桥式起重机在主要零部件等方面有哪些要求？

（1）不应采用开式齿轮传动。

（2）起升机构应具有两套防爆型制动器，应装设防爆型起重量限制器。

（3）缓冲器应选用符合《起重机用聚氨酯缓冲器》（JB/T 10833—2017）规定的聚氨酯缓冲器，或符合《起重机 橡胶缓冲器》（JB/T 12988—2016）规定的橡胶缓冲器，其表面电阻均应不大于 10 Ω。

（4）钢丝绳不应有断丝。

（5）防爆分类为ⅡC 时，吊钩应采取防止撞击或摩擦产生火花的措施。

（6）大、小车轨道宜采用焊接接头，接头应平滑。否则，两轨道的接头处横向位移和高低差均应不大于 0.5 mm，接头间隙应不大于 1 mm。车轮和轨道的接触面应无锈蚀，接地良好，避免因锈蚀产生火花。

（7）吊钩滑轮组侧板的外表面应标出警示语，如“禁止触地、碰撞”等。

167. 绝缘桥式起重机有哪些绝缘要求？

绝缘桥式起重机是指在有色金属电解铝、镁、铅、锌、铜等冶炼车间环境中工作的起重机械。

绝缘桥式起重机有下列绝缘要求：

（1）起重机应设有 3 道绝缘：吊钩与滑轮、起升机构与小车架、小车架与大车。其每道绝缘在常温状态（温度 20～25 ℃，相对湿度≤85%）下用 1 kV 兆欧表测得的电阻值应≥1 MΩ。

（2）起重机的起升机构应安装双制动器，应优先选用电磁块式制动器，每个制动器的安全系数≥1.25。

（3）起重机在非工作状态下，小车架上的感应电压应不超过安全电压值 36 V。

168. 电动单梁起重机主梁上拱度推荐值为多少？

电动单梁起重机主梁上拱度推荐值为（1/1 000～1.4/1 000）S（S 为跨度）。

169. 通用门式起重机的悬臂上翘度有什么要求？

通用门式起重机的悬臂是起重小车在起重机轨道之外运行的伸出结构，前伸臂是门式起重机可以伸起或缩回以获得门架运移空间的悬臂。

悬臂应有上翘度，悬臂在 1.25 倍额定载荷静载试验后，空载小车处于门架支腿支点位置时，悬臂端的上翘度应不小于 $0.7L/350$（L 为支腿中心线至取物装置在悬臂上的极限距离）。

170. 轮胎式集装箱门式起重机行走通道地面坡度有什么要求？

轮胎式集装箱门式起重机行走通道地面坡度要求不大于 1%，局部坡度不大于 3%。跨度两侧行走通道地面坡度应同向，即同为上坡或下坡。

171. 塔式起重机工作空间限制器如何应用？

塔式起重机工作空间限制器是在单个起重机上，防止移动载荷或起重机的部件进入保护空间的装置。主要应用在有两台或两台以上起重机同时作业的地方，这些起重机自由运行可能会相互干涉。

工作空间限制器应限制起重机的回转、小车变幅或大车行走，防止起重机的结构、钢丝绳或吊载发生碰撞。限制器宜给司机报警或向其发送信息，而不干扰起重机作业。如果采用拖动电缆进行起重机之间的有线通信，应采取措施以保护限制器不受干扰或意外损坏。

当起重机作业时有不应伸入或不应带载越过的区域时，工作空间限制器可用于单台起重机。

172. 塔式起重机保护空间是如何要求的?

塔式起重机保护空间是绝对禁止载荷和（或）任何起重机部件运动的空间。通常在非工作状态时，臂架和平衡臂允许进入保护空间。

173. 塔式起重机的安全距离是如何要求的?

（1）塔式起重机的尾部与周围建筑物及其外围施工设施之间的安全距离应不小于 0.6 m。

（2）两台起重机之间的最小架设距离应保证低位起重机的起重臂端部与另一台起重机的塔身之间至少有 2 m 的距离；高位起重机最低位置的部件（吊钩升至最高点或平衡重的最低部位）与低位起重机最高位置的部件之间垂直距离应不小于 2 m。

174. 塔式起重机的轨道敷设是如何要求的?

（1）轨道应通过垫块与轨枕可靠地连接，每间隔 6 m 应设一个轨距拉杆。钢轨接头处应有轨枕支承，不应悬空。在使用过程中轨道不应移动。

（2）轨距允许误差不大于公称值的1/1 000，其绝对值应不大于6 mm。

（3）钢轨接头间隙不大于4 mm，与另一侧钢轨接头的错开距离不小于1.5 m，接头处两轨顶高度差不大于2 mm。

（4）塔式起重机安装后，轨道顶面纵、横方向上的倾斜度，对于上回转起重机应不大于3/1 000；对于下回转起重机应不大于5/1 000。在轨道全程中，轨道顶面任意两点的高度差应小于100 mm。

（5）轨道行程两端的轨顶高度宜不低于其余部位中最高点的轨顶高度。

（6）轨道的碎石铺设应当符合下列要求：

1）当起重机轨道敷设在地下建筑物（如暗沟、防空洞等）的上面时，应采取加固措施。

2）敷设碎石前的路面应按设计要求压实，碎石基础应整平捣实，轨枕之间应填满碎石。

3）路基两侧或中间应设排水沟，保证路基无积水。

175. 塔式起重机使用的钢丝绳是如何要求的?

塔式起重机使用的是交互捻钢丝绳。起升钢丝绳及变幅钢丝绳的安全系数一般取为5~6，小车牵引绳和臂架拉绳的安全系数取为3，起重机电梯升降绳安全系数不得小于10。

176. 塔式起重机使用附墙装置是如何要求的?

当自升式塔式起重机在达到其自由高度继续向上顶升接高时，需要使用附墙装置，增加起重机的稳定性。

要求附着框架保持水平、固定牢靠，与附着杆在同一水平面上，与建筑物之间连接牢固，附着后附着点以下塔身的垂直度不大于2/1 000，附着点以上垂直度不大于3/1 000。与建筑物的连接点应选在混凝土柱上或混凝土圈梁上，用预埋件或过墙螺栓与建筑物结构有效连接。

177. 塔式起重机的供电及控制回路是如何要求的?

塔式起重机应采用三相五线制接零保护系统供电。对于轨道运行的起重机，应采用电缆卷筒或类似装置供电。动力电路和控制电路的对地绝缘电阻应不低于 0. 5 MΩ。

控制回路电源应取自隔离变压器。在供电系统电压波动到额定值的 90%时，无论载荷处于什么位置，系统应保证机构正常工作且不出现溜钩。

178. 塔式起重机配置广告牌等有什么规定?

广告牌、装饰品、轮廓灯等，都会给塔式起重机增加额外载荷，因此，除非获得制造商同意，否则不能配置。这类装置的最大供电电压应限制在 55 V 以内。电线应加以防护，以免造成人身损害。

179. 轮胎起重机使用支腿有哪些要求?

（1）当轮胎起重机处于行驶状态时，支腿应收回并可靠地固定。

（2）在起重作业时，支座盘应牢靠地连接在支腿上，支腿应可靠地支承起重机。

（3）使用支腿进行起重作业时，应将支腿牢固地支承在坚实的水平地面上。

（4）在操作支腿时，操作人员在操作处应能看到每一条支腿，否则应有指挥人员帮助。

180. 履带起重机超起装置有何作用？

超起装置是通过增设超起桅杆、超起平衡重和辅助机构，改善构件受力状况及整机稳定性，从而提高起重性能的装置。其中，超起桅杆是一端与转台铰接，另一端通过连接件与主臂和超起配重连接，能改变臂架工作幅度、提高起重性能的构件。

181. 流动式起重机的稳定性是指什么？

流动式起重机的稳定性是指起重机抗倾覆力矩的能力，包括以下内容：

（1）工作状态稳定性。起重机抵抗由起升载荷、惯性、风载荷和其他因素引起的倾覆力矩的能力。

（2）空载状态稳定性。起重机抵抗由非工作状态风载荷和其他因素引起的倾覆力矩的能力。

182. 何谓门座起重机？

门座起重机是具有沿地面轨道运行、下方可通过铁路车辆或其他地面车辆的门形座架的可回转臂架型起重机械。

183. 何谓固定式起重机？

固定式起重机是固定在基础或其他静止不动的基座上的起重

机械。

184. 何谓施工升降机？

施工升降机是用吊笼载人、载物沿导轨做上下运输的施工机械。

185. 何谓简易升降机？

简易升降机是以曳引机、卷扬机、电动葫芦、液压泵站等作为驱动装置，通过钢丝绳、齿轮齿条、链条或液压油缸等部件带动货厢，在井道内沿垂直方向或垂直方向倾斜角小于 15°的刚性导向装置运行的仅用于运载货物的起重机械。

186. 简易升降机应设置哪些警示标志？

简易升降机每层站明显部位应设置“严禁载人运行”的警示标志、安全使用须知和额定起重量标志，机房门的外侧应设置“机房重地、闲人莫入”的警示标志，井道外检修门的近旁应设置“井道危险、未经许可禁止入内”的警示标志。

187. 简易升降机作业有哪些注意事项？

（1）每天投入使用前应进行空载试运行及层门、货厢门的电气联锁和机械联锁的检查，确认状况良好后，方可投入正式运行。

（2）层门开启后应确定货厢的位置，并确认停层保护装置作用到位后方可进入货厢。

（3）当确认货厢门和层门都可靠关闭后，方可启动升降机。

不得以升降机的货厢门或层门的开闭作为升降机运行和停止的开关。

（4）装卸货物应轻放、轻移，尽可能减少冲击。当有小车进入货厢时，应采取有效措施防止小车撞击货厢壁和门。货厢内的货物应放置稳妥，防止运行时发生移动或倾倒。

（5）严格控制装载货物的重量，不得超载运行。

（6）操作人员不得在货厢门与层门之间逗留，并尽可能减少进入货厢内的时间。

（7）运行过程中不得推拉层门。

（8）每天清扫货厢、地坎及层门入口，防止异物进入地坎。

（9）升降机使用完毕后，应将货厢停靠在基站。

188. 何谓缆索起重机?

缆索起重机是以柔性钢索（承载索）作为架空支承构件，供悬吊重物的起重小车在承载索上往返运行，具有垂直运输（起升）和水平运输（牵引）功能的起重机械。

189. 何谓桅杆起重机?

桅杆起重机是臂架铰接在上下两端均有支承的垂直桅杆下部的回转起重机械。

190. 桅杆起重机的地锚、基座和基础有哪些要求?

（1）臂架、桅杆、斜撑、地梁、动力驱动系统的基座和缆绳应可靠锚固。对桅杆起重机的全部锚固点设计和安装时，应保证规定的计算载荷在各相应锚固点的水平力、垂直力产生最不利的组合情况下，各锚固点不应有松动、滑移、沉陷现象。

（2）地锚与基座的形式应与起重机安装位置的场地情况、基础情况相适应。

（3）设置地锚的基础以及与臂架、桅杆、斜撑、地梁、动力驱动系统的基座底面接触的基础应平整坚实、无积水，基座应与基础良好接触。

（4）回填土宜每填高 300 mm 夯实一遍，并高出地面基础 400 mm以上。

（5）确定埋置式地锚位置时，在其 2.5 倍坑深范围内不应有地沟、电缆、地下管网等。

（6）需要时，应在地锚的地下埋件和引出线（杆）的地下部分及露出地面以上不小于 1 000 mm 的范围做防腐处理。

（7）起重机安装后，竖直工作的桅杆对水平面的垂直度应小于桅杆全长的 1/500，最大不超过 100 mm；起重机工作载荷产生的桅杆顶部最大水平位移应不大于设计值。

191. 何谓机械式停车设备？

机械式停车设备是用来存取储放车辆的机械或机械设备系统。

192. 机械式停车设备有哪些主要机构和装置？

（1）起升机构：停车设备中用以提升搬运器的升降机构。

（2）纵移机构：停车设备中沿巷道方向水平移动载车板的机构。

（3）横移机构：停车设备中垂直于巷道方向移动载车板的机构。

（4）水平循环机构：在水平方向上使停车设备载车板循环移动的机构。

（5）垂直循环机构：在垂直方向上使停车设备载车板循环移动的机构。

（6）存取交接机构：在停车设备中用于将汽车或载车板在汽车出入口、升降设备、搬运器、停车位之间交换的机构。

（7）搬运器：运送汽车的装置，具有独立的动力驱动装置。

（8）升降机：具有升降功能，可将汽车升降至所需位置的装置。

（9）有轨巷道堆垛机：沿着多层停车位车库巷道内轨道运行，向单元车位存取汽车，完成出入库作业的起重机。

（10）搬运台车：在巷道轨道上运行，用于运送汽车使之到达预定停车位置的搬运器。

第3章 起重机械作业安全知识

3.1 起重机司机安全操作规范

193. 起重机司机安全操作通用规则有哪些?

(1) 操作起重机械时，不允许从事分散注意力的其他操作。

(2) 司机体力和精神不适时，不得操作起重设备。

(3) 司机应接受起重作业人员的起重作业指挥信号的指挥。当起重机械的操作不需要信号员时，司机负有起重作业的责任。无论何时，司机随时都应执行来自任何人发出的停止信号。

(4) 司机应对自己直接控制的操作负责。无论何时，当怀疑有不安全情况时，司机在起吊物品前应和管理人员协商。

(5) 露天工作的起重机械，当有超过工作状态极限风速的大风警报或起重机械处于非工作状态时，为避免起重机械移动应采用夹轨器和（或）其他装置使起重机械固定。

(6) 如对于电源切断装置或启动控制器有报警信号，在指定人员取消这类信号之前，司机不得接通电路或开动设备。

(7) 在接通电源或开动设备之前，司机应查看所有控制器，使其处于“零位”或空挡位置。所有现场人员均在安全区内。

(8) 司机应熟悉设备和设备的正常维护。如起重机械需要调试或修理，司机应把情况迅速地报告给管理人员并应通知接班司机。

(9) 在每一个工作班开始，司机应试验所有控制装置。如果控制装置操作不正常，应在起重机械运行之前调试和修理。

(10) 当风速超过制造厂规定的最大工作风速时，不允许操作起重机械。

(11) 起重机械的轨道结构上结冰或在其周围能见度下降的气候条件下操作起重机械时，应减慢速度或提供有效的通信等手段保证起重机械的安全操作。

(12) 夜班操作起重机械时，作业现场应有足够的照度。

(13) 使用起重钢丝绳或起重环链应垂直进行起升操作。操作之前，将起升重物稍微离开支撑面，停下来检查吊具和重物平衡的情况。

(14) 在任何时候司机都应小心操作，防止出现震动或起重臂等结构上产生侧向载荷。应特别注意避免吊具与起重机械结构接触。

(15) 除特殊设计的控制机构外，运转中的电机在未停下来之前不应反转。

(16) 起重机械安全装置不应作为停止操作的常规手段。

(17) 吊运的货物上禁止载人。

(18) 常规情况下不允许使用起重机械提升或下降人员。特殊情况需经过国家或地方主管部门允许，且应遵守《起重机 安全使用 第1部分：总则》(GB/T 23723.1—2009) 规定的程序。

(19) 禁止使用起重机械进行娱乐和演出活动。

(20) 起重机械在空港或飞机场附近使用时，应遵守当地的法规。

194. 司机离开无人看管的起重机械前有哪些要求?

（1）被吊载荷应下放到地面，不得悬吊。

（2）使运行机构制动器上闸或设置其他的保险装置。

（3）把吊具起升到规定位置。

（4）根据情况，断开电源或脱开主离合器。

（5）将所有控制器置于“零位”或空挡位置。

（6）固定住起重机械防止发生意外的移动。

（7）当采用发动机提供动力时，应使发动机熄火。

195. 司机在作业期间发生供电故障有哪些要求?

（1）在适合的情况下，使制动器上闸或设置其他保险装置。

（2）应切断所有动力电源或使离合器处于空挡位置。

（3）如果可行，可借助对制动器的控制把悬吊载荷放到地面。

196. 司机在人员附近搬运载荷有哪些要求?

（1）应谨慎操作并与人员保持规定的、足够的距离。司机和指挥人员要特别注意工作视线以外的人身伤害的危险。

（2）所有人员都应与被起升重物保持距离。从垛堆起升重物时，所有人员都应离开垛堆避免邻近物料或物体散落造成事故。

（3）应避免在高速公路、铁道、河边或其他公共场所进行起重作业。如不可避免，则应经过主管部门准许且在该区域避开交通道路和人群。

197. 遥控起重机的使用有哪些要求?

（1）禁止未经许可使用遥控起重机。

（2）通过无线电信号传输控制起重机的司机应随身携带遥控器；短期离开时，拔出钥匙随身携带；长期离开或不使用起重机时，应妥善保管遥控器。

妥善保管遥控器的措施：如果遥控器固定在皮带或背带上，司机在打开遥控器之前就应穿好背带，防止起重机突然启动。遥控器只能在操作起重机时打开，并且在解开背带之前关闭遥控器。

（3）使用遥控起重机时的遥控区域应在常规范围内进行测试。在每次开始移动起重机时或当司机换人时也应检查遥控范围，确保在规定的限制区域内操作起重机。

198. 对起重机械周围的障碍物有哪些规定?

起重机械作业应考虑其周围的障碍物，如附近的建筑、其他起重机械、车辆或正在进行装卸作业的船只、堆垛的货物、公共交通区域（包括高速公路、铁路和河流）。

不应忽视通向或来自地下设施的危险，如煤气管道或电缆线。应采取措施使起重机械避开任何地下设施，如果避不开，应对地下设施实施保护措施，预防灾害事故发生。

起重机械或其吊载通过有障碍物的地方，应注意观察下列环境：

（1）现场条件允许时，起重机械的运行路线应清晰地标识，使其远离障碍物。起重机械的任何部件与障碍物之间应有足够的间隙。如不能达到规定的间隙要求，应采取有效措施防止任何阻挡或被挤住的危险。

（2）在起重机械附近周期性堆放货物的地方，在地面上应长期标记其边界线。

199. 起重机械作业净距和界限尺寸有哪些规定？

在最不利位置和最不利装载条件下，起重机械的所有运动部分（吊具和其他取物装置除外）与建筑物的净距规定如下：

（1）距固定部分不小于0.05 m。

（2）距任何栏杆或扶手不小于0.10 m。

（3）距出入区不小于0.50 m（出入区是指允许人员进出的所有通道，但工作平台除外）。

起重机械各运动部分的下界限线与下方的一般出入区（从地面或从属于建筑物的固定或活动部分算起，工作或维修平台及类似物除外）之间的垂直距离应不小于1.7 m，与通常不准人出入的下方的固定或活动部分（如棚顶、加热器、机械部分和运行在下方的起重机械等）及与栏杆顶部的垂直距离应不小于0.5 m。

起重机械各运动部分的上界限线与上方的固定或活动部分（如起重小车的最高处与房顶结构最低点、下垂吊灯、下敷管道或与运行在其上方的起重机械的最低点）之间的垂直距离，在保养区域和维修平台等处应不小于0.5 m。如果不会对人员产生危险，这个距离可以减小到0.1 m。

200. 起重机械馈电裸滑线与周围设备的安全距离有何规定？

起重机械馈电裸滑线与周围设备的安全距离应符合表3-1的规定，否则应采取安全防护措施。

表 3-1　起重机械馈电裸滑线与周围设备的安全距离

项目	安全距离及偏差/m
距地面高度	>35
距汽车通道高度	>6
距一般管道	>1
距氧气管道及设备	>15
距易燃气体及液体管道	>3

201. 起重机械作业靠近架空电线和电缆有何规定?

起重机械在靠近架空电线和电缆作业时，指派人员、操作者和其他现场工作人员应注意以下几点：

（1）在不熟悉的地区工作时，检查是否有架空电线和电缆。

（2）确认所有架空电线和电缆是否带电。

（3）在可能与带电动力线接触的场合，工作开始之前，应首先考虑当地电力主管部门的意见。

（4）起重机械工作时，臂架、吊具、辅具、钢丝绳、缆风绳及载荷等，与输电线的最小距离应符合表 3-2 的规定。

表 3-2　起重机械与输电线的最小距离

输电线路电压/kV	<1	1~20	35~110	154	220	330
最小距离/m	1.5	2	4	5	6	7

当起重机械进入到架空电线和电缆的预定距离之内时，安装在起重机械上的防触电安全装置可发出有效的警报，但不能因为配有这种装置而忽视起重机械的安全工作制度。

202. 起重机械与架空电线的意外触碰应采取哪些措施?

如果起重机械触碰了带电电线或电缆，应采取下列措施：

（1）司机室内的人员不要离开。

（2）警告所有其他人员远离起重机械，不要触碰起重机械、绳索或物品的任何部分。

（3）在没有任何人接近起重机械的情况下，司机应尝试独立地开动起重机械直到动力电线或电缆与起重机械脱离。

（4）如果起重机械不能开动，司机应留在驾驶室内，设法立即通知供电部门。在未确认处于安全状态之前，不要采取任何行动。

（5）如果由于触电引起火灾等，人员要尽可能跳离起重机械，人体部位不要同时接触起重机械和地面。

（6）应立刻通知对工程负有相关责任的工程师或现场有关的管理人员。在获取帮助之前，应有人留在起重机械附近，以警告危险情况。

203. 起吊载荷前质量和重心有哪些确认要求?

载荷在吊运前应通过各种方式确认起吊载荷的质量。同时，为了保证起吊的稳定性，应通过各种方式确认起吊载荷重心。确立重心后，应调整起升装置，选择合适的起升系挂位置，保证载荷起升时均匀平衡，没有倾覆的趋势。

204. 系挂物品有哪些要求?

（1）索或链条不能缠绕在物品上。

（2）物品要通过吊索或其他有足够承载能力的装置挂在吊钩上。

（3）链条不能用螺栓或钢丝绳进行连接。

（4）吊索或链条不应沿着地面拖曳。

205. 移动载荷有哪些要求？

（1）开始起吊前的注意事项。

1）钢丝绳或起重链条不得产生扭结。

2）多根钢丝绳或链条不得缠绕在一起。

3）采用吊钩的起吊方式，应使载荷转动最小。

4）如果有松绳现象，应进行调整，确保排除钢丝绳在卷筒或滑轮位置上的松弛现象。

5）考虑风对载荷和起重机械的影响。

6）起吊的载荷不得与其他的物体卡住或连接。

（2）起吊过程中的注意事项。

1）起吊载荷时不得突然加速和减速。

2）载荷和钢丝绳不得与任何障碍物刮碰。

3）对无反接制动性能的起重机械，除特殊紧急情况外，不得利用打反车进行制动。

4）起重机械不许斜向拖拉物品（为特殊工况设计的起重机械除外）。

5）吊运载荷时，不得从人员上方通过。

6）每次起吊接近额定载荷的物品时，应慢速操作，并应先把物品吊离地面较小的高度，试验制动器的制动性能。

7）起重机械进行回转、变幅和运行时，要避免突然启动和停止，吊运速度应控制在使物品的摆动半径在规定的范围内。当物品的摆动有危险时，应做出标志或限定的轮廓线。

206. 多台起重机械联合起升的总体要求有哪些?

在多台起重机械的联合起升操作中，由于起重机械之间的相互运动可能产生作用于起重机械、物品和吊索具上的附加载荷，而对这些附加载荷的监控是困难的。因此，只有在物品的尺寸、性能、质量或物品所需要的运动由单台起重机械无法操作时才使用多台起重机械操作。

多台起重机械的操作应制订联合起升作业计划，还应仔细计算每台起重机械按比例所搬运的载荷。基本要求是确保起升钢丝绳保持垂直状态。多台起重机械所受的合力不应超过各台起重机械单独起升操作时的额定载荷，吊点数一般不应超过 3 个。

207. 多台起重机械的起升操作应考虑哪些主要因素?

（1）重物的质量。应了解或计算重物的总质量及其分布。对于从图样中获得的相关参数，应给出在铸件和轧制件的预留公差和制造公差。

（2）质心。质心是将物体的全部质量视为集中至一点，或使物体各部分的力矩完全保持平衡的点。由于制造公差和轧制裕度、焊接金属的质量等各种因素的影响，可能确定不了精确的质心，造成分配到每台起重机械的载荷比例是不准确的。必要时，应采用有关方法精确地确定质心。

（3）取物装置的质量。取物装置的质量应作为起重机械计算起升载荷的一部分。当搬运较重的或形状复杂的重物时，从起重机械额定起重量中扣除取物装置的质量可能更重要。因而应该准确地了解取物装置以及必要的吊钩组件的质量及其分布情况。

（4）取物装置的承载能力。应确定在起升操作中取物装置内部产生的力的分布。取物装置应留有超过所需均衡载荷的充分的载荷裕度。除非有针对特殊起升操作的专门要求。为适应联合起升操作过程中产生的载荷或作用力的分布与方向的最大变化，可能有必要使用特殊取物装置。

（5）起重机械的同步动作。多台起重机械的起升过程中，应使作用在起重机械上力的方向和大小变化保持到最小；应尽可能使用额定起重量相等和相同性能的起重机械；应采取措施使各种不均衡降至最小，例如起重机械难于达到精确同步、起升速度的不均衡等。

（6）监控设备。监控设备用于监控载荷的角度和每根起重绳稳定地通过起升操作的垂直度和作用力。这种监控设备的使用有助于将起重机械上的载荷控制在规定值之内。

（7）起升操作的监督。应有被授权人员参加并全面管理多台起重机械的联合起升操作，只有该人员才能发出作业指令。但在突发事件中，目睹险情发生的人可以给出常用停止信号的情况除外。

如果从一个位置无法观察到全部所需的观测点，安排在其他地点的观察人员应把有关情况及时向指派人员报告。

（8）联合起升操作过程中的承载能力要求。如果上述（1）至（6）项的相关因素达到规定的合格要求并被指派人员所认可，那么，每台起重机械操作就可以达到其额定载荷。

当上述有关因素不能达到规定的合格要求时，指派人员应根据具体情况决定对起重机械降低额定载荷使用。可降低到额定载荷的75%或更多。

208. 起重机司机作业前有哪些注意事项?

（1）司机在首次动用设备前，必须认真阅读并清楚该设备使用说明书的要求，熟悉控制机构及其布置形式，熟悉所操作起重机械的性能和操作安全规程。

（2）司机在开动起重机械之前应注意检查设备或控制机构上的锁定保护装置和紧固装置的状况，并主要对制动器、吊钩、钢丝绳和各安全防护装置的可靠性进行检查，保证起重机械处于良好的使用状态，不准设备带“病”作业。日常检查项目授权司机进行的，要完成全部应检项目。

（3）司机对重物和操作区域的视线应清晰无遮挡。如果达不到，司机应在指挥人员的指挥下进行操作。指挥人员应位于司机视线不受阻挡的明显位置。司机和指挥人员应确保重物和起重钢丝绳完全避开障碍物。

（4）使用电话、无线电或闭路电视等通信系统时，司机应确保呼叫信号畅通且口齿清楚。

（5）在使用气动或液压系统时，司机应确保压力计正常工作且系统压力处于正常工作值。

（6）参与起重作业人员应按规定做好个人防护，确保自身安全。

（7）注意解除起重机械锚定装置等设施。

209. 起重机司机作业中有哪些注意事项?

（1）要鸣铃起车。当起升和落下货物、开动大小车、起重机械从视界不清处通过、起重机械接近同跨的另一台起重机械、吊运货物接近人员以及其他紧急情况时，司机要发出鸣铃信号。

（2）吊运应走指定通道。在没有障碍物的线路上运行时，吊具或吊物底面应距离地面 2 m 以上，线路上有障碍物需要跨越时，吊具或吊物底面应高出障碍物顶面 0.5 m 以上。

（3）装卸集装箱类货物时应注意检查包装是否坚固和起吊符号。装卸大型钢板和有利刃的工件时要用专用的卡具，使用钢丝绳时要在钢丝绳与吊物之间加垫衬垫。

（4）要防止吊钩和其他吊具产生较大的摆动。当钢丝绳接近拉直绷紧时要一边调节大小车的位置一边起吊，落地时也要逐步进行以保证吊物平稳。

（5）起重机械正常运行时禁止利用紧急开关、限位器开关和极限位置限制器停车。

（6）吊运液态金属、有害液体、易燃易爆物品时，虽然起重量并未接近额定起重量，也应进行小高度、短行程试吊。

（7）不得在有载荷情况下调整起升机构和变幅机构制动器。起重机械工作时，不得进行检查与维修。

210. 起重机司机作业后有哪些注意事项?

（1）将起重机械停放在指定的安全地方，所有控制器置于零位或空挡位置，关闭总电源。

（2）无交接班作业的应关闭司机室门窗，锁好司机室门，室外作业的还应做好起重机械的锚定及防风防雨等工作。

（3）有交接班作业的应认真填写交接班记录，做好交接班工作。交接班记录应重点说明和记录起重机械运行情况、起重机械故障情况和处理情况、有无不安全因素和事故隐患。

211. 什么是起重作业“十不吊”？

起重作业“十不吊”的内容及图示见表 3-3。

表 3-3 起重作业“十不吊”的内容及图示

内容	图示	内容	图示
超载或被吊物质量不清不吊	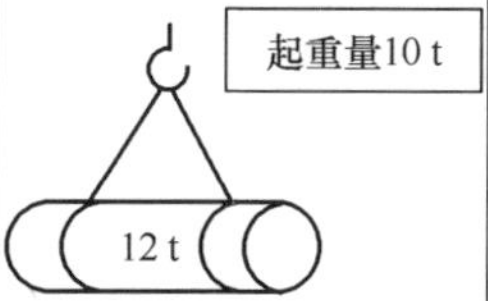	指挥信号不明确不吊	
吊物捆绑、吊挂不牢或不平衡，可能引起滑动时不吊	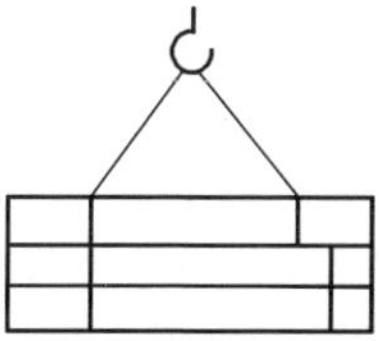	被吊物上有人或浮置物时不吊	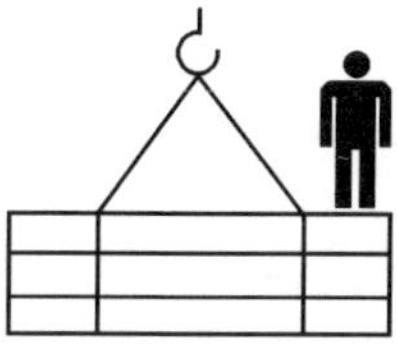
结构或零部件有影响安全工作的缺陷或损伤时不吊	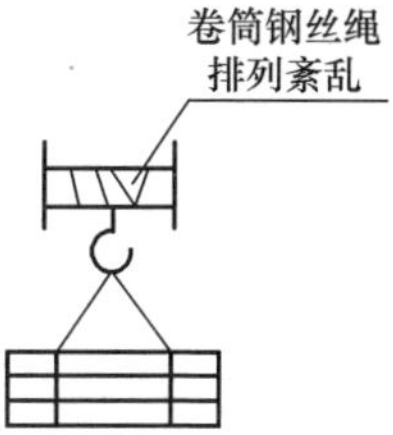	遇有拉力不清的埋置物件时不吊	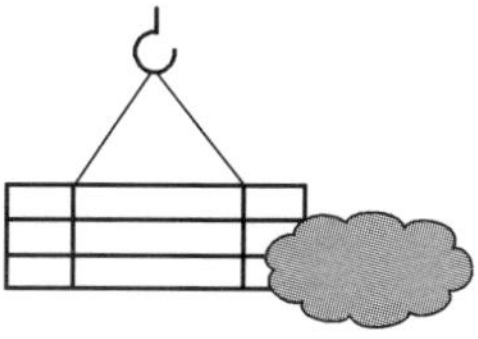
工作场地昏暗，无法看清场地、被吊物和指挥信号时不吊		被吊物棱角处与捆绑钢绳间未加衬垫时不吊	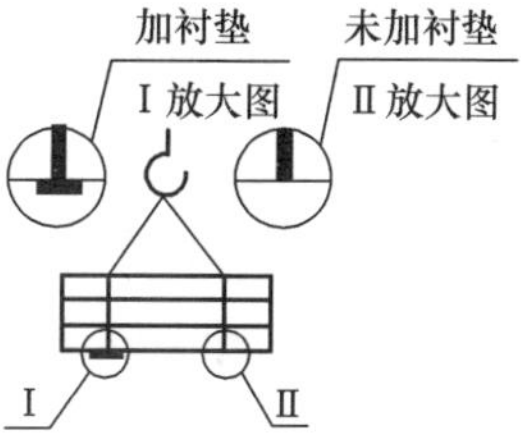

续表

内容	图示	内容	图示
歪拉斜吊重物时不吊	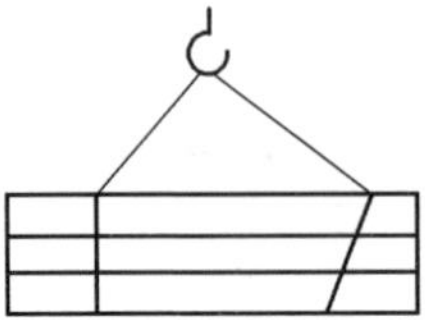	容器内盛装的物品过满溢出时不吊	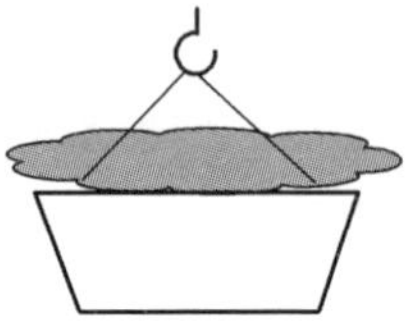

3.2　各类起重机械使用的相关要求

212. 起重机械的选用因素有哪些?

所需各种类型起重机械的性能和形式在满足其工作要求的同时，还应满足安全要求。

选用起重机械应考虑下列内容：

（1）载荷的质量、规格和特点；

（2）工作速度、工作半径、跨度、起升高度和工作区域；

（3）整机工作级别、结构件工作级别、机构工作级别；

（4）起重机械的工作时间或永久安装的起重机械的预期工作寿命；

（5）场地和环境条件（温度、湿度、海拔、腐蚀性、易燃易爆等）或现有建筑物形成的障碍；

（6）起重机械的通道、安装、运行、操作和拆卸所占用的空间；

（7）其他特殊操作要求或强制性规定。

213. 起重机械的设置因素有哪些？

（1）总则。起重机械的设置应主要考虑下列影响其安全操作的因素：

1）起重机械的支撑条件；

2）现场和附近的其他危险因素；

3）工作和非工作状态下的影响；

4）具备在施工现场设置或安装起重机械以及在起重作业完成之后拆卸和移动起重机械的通道。

（2）起重机械竖立或支撑条件。指派人员应确保地面或其他支撑设施能承受起重机械施加的载荷，主管人员应对此作出评估。

起重机械在工作状态、非工作状态和在安装、拆卸过程中产生的载荷应从制造商或起重机械设计、制造方面的权威机构获得。该载荷包括下列组合载荷：

1）起重机械（包括配重、平衡重或需要时的基础）的净重；

2）重物及吊具的净重；

3）起重机械运行引起的动载荷；

4）由最大允许风速导致的风载荷，考虑工作场地的暴露程度。

起重机械在工作状态下可能产生较大的载荷，但非工作状态和安装、拆卸过程中产生的载荷也应加以考虑。

指派人员应负责确保地面或支撑设施能使起重机械在制造商规定的工作级别和参数下工作。

214. 起重机械的安装与拆卸有哪些要求？

（1）施工计划。起重机械的安装与拆卸应作出施工计划并应严格监督管理。

正确的安装与拆卸程序应保证：

1）应有起重机械的安装、维护和使用说明书；

2）安装人员未完全理解说明书及有关的操作规程之前，不能进行安装作业；

3）整个安装和拆卸作业应按照说明书进行，并且由安装主管人员负责；

4）参与工作的所有人员都具有扎实的操作知识；

5）更换的部件和构件应为合格品；

6）如果将起重机械从安装地点移至另外的工作地点，应采用制造商推荐的方法；

7）起重机械的状态应符合制造商所规定的各种限制。

改变任何预定程序或技术参数应经起重机械设计者或工程师的同意。

（2）安装防护装置。在安装和拆卸的过程中，有时需断开或短接起重力矩限制器、起重量限制器或运行限位器等安全防护装置的开关，使安全防护装置丧失功能，在起重机械交付使用之前，起重机械施工的指派人员应保证所有安全防护装置功能正常。

215. 起重机械预防性维护有哪些要求？

（1）应在起重机械制造厂建议的基础上建立预防性的维护计划，并制定注明日期的维护记录以供使用。

（2）所有需要润滑的运动零件或器件应定期进行润滑。应检查润滑系统的供给情况。严格遵守制造厂规定的润滑部位（点）、润滑保养级别和润滑形式。如果没有装备自动润滑系统，设备应在停机状态下进行润滑，并应按维护程序的要求采取防护措施。

（3）更换的主要零部件应符合原制造商规定的技术要求。应经制造商同意，方可采用代用件及代用材料。

216. 起重机械维护程序有哪些要求?

（1）起重机械重大调整或检修之前，应采取下列预防措施：

1）运行式起重机械应开到指定的位置，避免对作业区内的其他起重机械造成干扰；

2）全部控制装置应置于零位或空挡位置；

3）除了试验目的以外，应把主开关或紧急开关置于断路位置并锁住；

4）指定人员应设置警示标志牌；

5）在同一轨道上有其他起重机械作业时，应在轨道上设置停止器或其他装置，避免对起重机械的维修工作造成干扰；

6）当在轨道上不能设置临时的停止器时，应在有利于观察的位置上安排指挥人员，以提示司机注意接近维修工作区的情况。

（2）起重机械调整或检修后，全部安全装置应重新安装调整完毕并应达到其相应功能，拆除并移去维修设备，同时完成有关规定的试验，起重机械才能投入使用。警示标志牌应由指派人员拆除。

217. 起重机械调试与修理有哪些规定?

（1）按日常检查、每周检查要求检查出的危险状况都应在起重机械重新作业前被改正。调试和修理工作应由专业人员来进行。

（2）部件或器件的调试应保持经常性，以确保其功能正确。经常调试的项目包括功能性的操作机构、限制装置、控制系统、制动系统、动力装置。

218. 起重作业计划应包括哪些内容？

所有起重作业计划应保证安全操作并充分考虑到各种危险因素。计划应由有经验的主管人员制定。如果是重复作业或例行操作，这个计划仅需首次制订就可以，然后进行周期性的复查以保证没有改变的因素。

计划应包括如下内容：

（1）载荷的特征和起吊方法；

（2）起重机械应保证载荷与起重机械结构之间保持符合有关规定的作业空间；

（3）确定起重机械起吊的载荷质量时，应包括起吊装置的质量；

（4）起重机械和载荷在整个作业中的位置；

（5）起重机械作业地点应考虑可能的危险因素、实际的作业空间环境和地面或基础的适用性；

（6）起重机械所需要的安装和拆卸；

（7）当作业地点存在或出现不适宜作业的环境情况时，应停止作业。

219. 起重施工技术方案编制大纲一般包括哪些内容？

（1）编制说明。

（2）编制依据。

（3）工程量及特点。

（4）吊装工艺及方案。包括吊装工艺、吊装方案、吊装顺序及主要起重机械运行计划、特殊工件的吊装方案或工艺叙述。

其中，吊装方案包含设备吊装数据表、起重机械载荷统计表、起重机械运用及其参数一览表。

（5）设备吊耳。

（6）吊索具选用一览表。

（7）地基处理方案。

（8）吊装平面布置。包括布置原则、大件设备吊装总平面布置图。

（9）安全技术措施。

（10）起重施工用图。包括吊耳制作施工图、吊具（含平衡梁）制作施工图、地锚埋设施工图、特殊措施图、吊钩、吊具、吊耳和吊装绳扣连接图、吊装平面布置图、吊装立面布置图。

其中，吊装平面布置图，应包含装置设备以及相关建筑的布置、主吊起重机械和抬（溜）尾起重机械（设施）布置，包括作业范围、组装方位、场地、运行路线和拆除场地、被吊工件的吊装放置位置和吊装过程（从起吊到就位）的运行范围、警戒区域、受吊装影响的建筑和地下设施或基础、主要拖拉绳布置和锚坑布置及坐标、地基处理范围。吊装立面布置图（图面需按比例绘制）在图中应标识：起重机械作业技术参数、基础标高及工件起升最大高度、吊索具及工作吊点的连接方法、立面布置相对尺寸即起重机械作业的有效高度、吊钩应起升的最大高度、被吊工件的最大外形与起重机械臂杆的净距。图面上的文字应标识：被吊工件的外形尺寸；被吊工件的吊装重量；主、副起重机械机型及最大荷载和作业技术参数；起重机械负荷率。

（11）计算书。包括吊耳设计计算、地基处理与地基稳定性校核计算、平衡梁核算。

（12）风险分析和应急预案。其中，风险分析包含工作危害分析（JHA）、风险评价。应急预案包含应急预案的组成与职责、事故的处理原则、报警、报告、救援求助联系方式与救护设施的设置、相对于危害情况的现场处理方法、警戒与交通管制、应急物资准备与供应、应急演练。

220. 防爆桥式起重机使用有哪些特殊要求?

作业人员应当熟悉防爆相关知识，熟悉和掌握防爆桥式起重机的性能特点并正确使用，应当注意下列事项：

（1）大、小车运行机构在起动和制动过程中应平稳，避免车轮打滑及产生可视的火花。

（2）起重钢丝绳应确保可靠的润滑，减少钢丝绳与卷筒、滑轮以及防爆电动葫芦导绳器之间的摩擦。

221. 架桥机作业有哪些注意事项?

（1）确认待架梁体的自重和外形尺寸在架桥机作业能力覆盖范围之内。

（2）吊具与梁体确认可靠联结后方可起吊。起升不超过 100 mm 距离应制动、下降，如此试吊 2 次确认起升制动安全可靠后方可正式起吊梁体。

（3）起吊梁体时应两端分别进行，但单端起吊后梁体的倾斜程度应满足待架梁体的相关规定。

（4）采用拖拉喂梁时，应保证前吊梁小车与运梁车驮梁小车行走的同步。

（5）架桥机架梁操作应严格按照架桥机操作手册或使用说明书的规定进行。

222. 在有多台塔式起重机未安装防碰撞装置的工地上，应当如何管理？

在有多台塔式起重机未安装防碰撞装置的工地上，起重机之间有可能相互碰撞，应设置调度员。指定的起重机调度员和起重机司机应共同协调起重机运动的顺序，以防互撞。从调度员传到司机的任何通信指令都应经由各自的指挥人员传达。指挥人员在发出相关信号之前都应得到调度员的同意。

223. 塔式起重机轨道之间的区域，应当如何管理？

塔式起重机轨道之间的区域不应用于储存物料或作为往返、穿越工地的道路。轨道经过的全部区域宜用栅栏围起来，防止未经许可的人员穿行。如果需要某一地段作为供车辆穿越轨道的通道，则应加强管理，防止发生意外碰撞，还应采取措施，保证轨道不被过往车辆超载破坏。

224. 塔式起重机严重结冰情况下，应当注意哪些问题？

严重结冰会使塔式起重机臂架通道变得十分危险，在这种情况下，不应考虑让起重机开始工作，应等到气温升高到使冰足以自然融化时开工。应警告起重机附近的人员，在融冰过程中，可能会有大块冰掉落。应当注意，水平臂起重机比其他型式的起重机更易受到来自冰雪的过大载荷。

225. 塔式起重机在经历了超出制造商限定的天气条件后，应当做好哪些检查？

塔式起重机在经历了超出制造商限定的天气条件后，在开机之前，应尽快安排合格的专业人员检查锚固装置和压重（平衡重），并采取必要措施来保证起重机的稳定性。在做上述检查的同时，也应对整体结构进行彻底检查，以保证起重机在恶劣天气里未受任何损害，或出现可能导致故障的状况。

226. 塔式起重机作业使用指挥信号有哪些要求？

（1）应向所有司机、起重工及其他参与吊装作业的人员发放作业时用到的手势信号的复印件，以保证使用通用的手势信号。进行特殊吊装作业时，或不适于仅使用手势信号时，应采取其他形式的通信手段，如无线电或电话，来补充手势信号。

（2）当采用无线电作为通信手段时，所选频道应与其他通信不发生干涉。所有与信号有关的人员都应得到一个清晰、唯一的呼叫信号，而且该呼叫信号优先于其他所有信号。在进行吊装作业过程中，一次只应由一人给起重机司机发出手势信号或口令。在起重机作业区域内安装、使用无线电应遵守特殊规定。建议咨询负责无线电通信管理的地方性或全国性的有关机构，以确保符合法规、许可证要求，保证无线电技术（如信号系统、特殊设备、呼叫信号、频率等）的安全使用。

227. 塔式起重机严禁带载变幅是如何规定的？

动臂式起重机在重物吊离地面后起重、回转、行走 3 种动作可以同时进行，但变幅只能单独进行，严禁带载变幅。允许带载变幅的起重机，在满负荷或接近满负荷时不得变幅。

228. 装有机械式力矩限制器的塔式起重机，在多次变幅后有什么调整要求？

装有机械式力矩限制器的塔式起重机，在多次变幅后，必须根据回转半径和该半径的额定负荷，对超负荷限位装置的吨位指示盘进行调整。

229. 塔式起重机在轨道上转弯时有哪些要求？

塔式起重机在轨道上转弯时应在外轨轨面上撒上沙子，在内轨轨面及两翼涂上润滑脂。配重箱应转至拐弯外轮的方向。严禁在弯道上进行吊装作业或吊重物转弯。

230. 塔式起重机将要无人值守时，应当采取哪些措施？

当塔式起重机将要无人值守时，即使是一小段时间，都应采取下列措施：

（1）吊钩上不应留有吊挂载荷，应取走所有链条、吊索等。

（2）按照制造商提供的说明书要求，将起重机置于非工作状态。每次遇到这种状况，应采取措施保证回转制动器松开，以使起重机臂架能随风转动，不得采用任何方法限制起重臂随风转动。对于小车变幅的起重机，一般都把小车开回到最小幅度位置。

（3）对于动臂变幅或类似的起重机，动臂非工作状态时的倾角应严格遵守制造商提供的说明书的要求。

（4）轨道行走式起重机应夹紧在轨道上，以保证遇到大风时，起重机不会被风吹得沿轨道滑行。当长时间（如过夜）离开起重机时，必须选择起重机回转时无障碍物和轨道中间合适的位置停机，臂架应保持在顺风方向，起重机应断电，司机室的门应关紧锁好。

（5）如果司机室或控制柜加热器、照明灯等需要整夜维持供电，应单独设置供电，以隔离机器的供电。

231. 轮胎起重机作业有哪些注意事项？

（1）轮胎起重机启动前应重点检查安全防护装置和指示仪表，确保齐全完好，钢丝绳及连接部位应符合规定，燃油、润滑油、液压油及冷却水应添加充足，各连接件应无松动，轮胎气压应符合规定，使用支腿应符合相关要求。

（2）起重机带载回转时应平稳操作，换向应在停稳后进行。

（3）起重机带载行走时，路面必须平坦坚实，行驶应当缓慢，载荷相对地面应不超过 500 mm。

（4）起重机作业时，转台上不得站人。起重机行驶时，上车操纵室严禁人员乘坐。

232. 履带起重机操作要点有哪些？

（1）履带起重机不得在暗沟、地下管道、防空洞等上面作业，严禁在斜坡上吊重回转。

（2）具有伸缩履带架的起重机带载时，严禁伸缩履带架。

（3）起重机带载行走，应按使用说明书的规定操作。带载变幅时，没有装设力矩限制器的起重机，只允许向减小幅度方向操作。不允许用变幅起臂方式将重物吊离地面。

（4）起重机在维修保养时应停机，在检查油量或添加燃油时不得吸烟或使用明火。

233. 履带起重机超起作业有哪些要求？

（1）超起作业时，根据超起质量和提升高度，依据超起特性表确定臂长、工作幅度和增加的配重质量。

（2）依据作业条件和要求，调整标准配重和超起配重位置。

（3）对力矩限制控制装置进行工况选择，输入超起工作参数，进行超起作业模拟演示，确保超起作业安全。

（4）超起作业前应认真检查履带起重机的工作机构、操作系统、安全防护装置、显示器等是否灵敏可靠。

（5）超起作业时地面应平整坚实，保证作业过程中地面不得下陷，整机应水平。对环境风速等具体要求，应按设备技术文件执行。

（6）超起作业不论是升降、吊臂变幅还是平台回转均应以低速进行，防止重物突然升降或平台突然回转造成吊臂摇摆和车体晃动，从而导致结构件损坏和整机失稳的事故。

（7）超起作业区内及上空应有足够的作业空间和必需的净空高度，注意作业区周围和上空是否有障碍物和架空高压电线。

（8）超起作业当吊臂仰角在较大工况时，重物落地后，应先减小吊臂仰角再摘吊重的挂绳。

（9）超起作业一般吊臂较长，起升高度较大，操作人员不易看清吊钩位置，要随时注意操作室内监视装置上的吊钩位置和吊钩接近高度限位器时的报警，出现危险应立即停止作业。

（10）超起作业完成后，应将力矩限制装置恢复到正常工况。

234. 流动式起重机作业如何防倾翻？

尽管在设计时已经考虑到了流动式起重机的稳定性，但是在起重机实际使用过程中由于客观因素和主观因素的影响，依然可能出现起重机倾翻事故。因此，要特别引起注意，正确操纵使用起重机，加强作业中的安全防范，遵守下列要求：

（1）不要骤起、骤降和紧急制动。吊物起升和下降时骤起、骤降和紧急制动都会产生惯性，加大倾翻力矩，可能会引起起重机倾翻。

（2）严格禁止斜拉歪吊。斜拉歪吊加大了起重机的工作幅度，加大了倾翻力矩，可能会使起重机超载引起倾翻。

（3）要平稳回转。吊物在回转时产生离心力，过快的回转速度必然增加离心力，加大倾翻力矩，可能会使起重机超载引起倾翻。当风力较大时，回转时还要注意起重臂后方来风可能会引起倾翻。

（4）尽可能在起重机的后方起吊作业。起重机后方的稳定性最好，其次是侧方，最差的是前方，因此设计的额定起重量不同。当起重机以额定起重量吊载由后方回转至前方，会使起重机超载引起倾翻。

（5）保持行驶稳定。直线行驶时道路坡度超过最大规定值会造成车轮打滑，转弯行驶时车速过快，都可能引起起重机倾翻。

235. 施工升降机装载有哪些要求？

施工升降机正常装载应确保升降机运送的载荷保持在吊笼或运载装置的界限范围内。必要时应将载荷固定于吊笼或载荷装置，或通过装箱、带子捆扎等措施来运送，以防载荷在运行中移动。此外，在运送表面积很大的载荷时，如石膏板、胶合板或装饰板，应考虑风的效应，并应咨询升降机供应单位。

236. 缆索起重机司机在作业前应有哪些准备?

（1）检查各仪表盘指针位置及通信系统是否正常。

（2）检查各抱闸能否正常工作。

（3）寒冷季节时，滑轮和索道系统如有冰雪，应先用一挡速度牵引空载小车在主索全程往返两次，并用一挡速度提升和下降空钩若干距离，以碾除索道和滑轮上的冰雪。

237. 缆索起重机司机提升或下降作业有哪些注意事项?

（1）提升或下降必须逐挡加速或逐挡减速，禁止越挡变速。操作要平稳。

（2）禁止从偏斜方向起吊重物。禁止起吊埋在地下或与地面冻结或被其他重物压住、卡住的物件。

（3）应经常注意吊钩上、下限位置，在接近极限位置时要及时减速。

（4）吊钩下落到最低位置时，缠绕在卷筒上的钢丝绳不得少于 3 圈。提升负荷时，钢丝绳在卷筒上要排列整齐，不得重叠。

（5）重物必须提升至高过障碍物顶点 3 m 以上后，方可水平跨越。

（6）一般情况下，应先减速、后制动，尽量避免急速下降、紧急制动。

238. 缆索起重机司机小车牵引作业有哪些注意事项?

（1）牵引小车应逐挡加速或逐挡减速，然后推至零位。禁止越挡变速。

（2）小车在主索两端，距塔架 35 m（其他塔机一般为跨度的 1/10）范围内不允许吊重，以免牵引电机过载。空载小车靠近塔架时，应将吊钩升到最高位置，用一挡速度缓慢靠近。

（3）除进行维护保养及检修工作外，小车上严禁搭乘人员。

239. 缆索起重机司机塔架移行作业有哪些注意事项？

（1）塔架移行前，司机应先发信号通知主、副塔移行助手，检查并排除轨道和基础平台上的各种障碍。

（2）司机应发移行信号，警告塔架附近人员注意安全。

（3）禁止吊物放在地面未经脱轨就移行塔架。

（4）塔架移行时，司机要经常向副塔瞭望，主、副塔移行助手要密切注视塔架移行前方轨道及基础平台上有无行人和障碍物。

（5）经常注意主、副塔架位差指示，当位差超过 13 m 时要及时调整。

（6）当塔架接近轨道尽头时，司机和助手应密切注意限位开关的动作。当限位开关已动作，而移行电机仍不停止工作时，要立即切断移行电机电源，使塔架停止移行。事后应查明原因，恢复正常。

（7）当多台缆索起重机立体布置，上层缆索起重机要跨越下层缆索起重机时，应先卸除负荷，将吊钩升至最高位置后方可移行跨越。

240. 缆索起重机司机作业时有哪些注意事项？

（1）作业时，司机必须精力集中，不得做与操作无关的事，不得与他人闲谈。

（2）要密切注意吊钩位置指示和塔架的位置指示。

（3）应与信号工密切配合，严格按信号指挥操作。作业时，应经常注意仪表指示，发现吊钩位置有问题时，应停止动作，并积极与信号工取得联系，不得擅自进行与信号指挥不相容的动作。

（4）吊钩悬空时，严禁司机离开操作台。换人操作应在吊物已经下落放妥后进行。

（5）运转中途突然停电时，司机应立即将各操作杆置于零位。

（6）司机只有在操作技术达到十分熟练以后，才允许联合操作。联合操作时，要避免吊物振荡或撞击其他物件。

（7）尽量避免将缆索起重机各机构开至极限位置。不允许采取碰撞限位开关的办法使某机构停止（检查限位开关动作可靠性时例外）。

241. 缆索起重机司机停机有哪些注意事项？

（1）停机前必须卸除负荷，升起大钩，并将小车牵引至主塔停靠。

（2）停机时应将各操纵杆置于零位。停机时间较长时，应断开主电机开关，使主电机停止运转。

（3）停机后若不再工作或无人接班，应将缆索起重机开到轨道最安全地段停放，并挂上锚定装置。

（4）停机后，司机和助手应共同做好台班保养和机器设备的清洁工作，助手应清理好工具、润滑油料及擦拭材料。

（5）下班前，机长应组织全机人员交换运转情况，讨论故障原因，对发现的问题要及时处理，做好运转记录，准备交班。

（6）当机上人员全部离开时，应断开隔离开关，将机器房、操作室、休息室、副塔开关房及配电室的门锁好。

242. 桅杆起重机有哪些使用要求?

（1）作业前应检查各结构、机构、电气系统、安全防护装置等是否合格，如有问题应处理解决后使用。其中：钢丝绳应与卷筒及吊笼连接牢固，排列整齐，不得与机架或地面摩擦，通过道路时，应设过路保护装置；在卷扬机制动操作杆的行程范围内，不得有障碍物或阻卡现象。

（2）作业中禁止任何人跨越正在作业的卷扬钢丝绳，吊物或吊笼下面禁止人员通过或逗留；卷筒上的钢丝绳重叠或斜绕时，应停机重新排列，严禁在转动中用手拉或脚踩钢丝绳；发现异响、制动不灵、制动带或轴承等温度剧烈上升等异常情况时，应立即停机检查，排除故障后方可使用；中途停电应切断电源，将吊物或吊笼降至地面。

（3）作业完毕应将提升吊笼或吊物降至地面，切断电源，锁好开关箱。

243. 机械式停车设备有哪些操作安全要求?

（1）除规定的操作人员外，其他人员不应擅自操作停车设备。

（2）每个工作班次开始操作前应对停车设备进行日常检查，检查项目应符合《起重机械 检查与维护规程 第 11 部分：机械式停车设备》（GB/T 31052.11—2015）的规定。

（3）操作人员应严格按使用说明书要求的操作规程作业。

（4）操作人员不应允许非适停汽车进入转换区或工作区。

（5）在操作停车设备前，操作人员应确认停车设备内部及辅助设备没有可能引起意外事故的人和物，以及其他不安全的因素存在。

（6）设备运行过程中，操作人员应监视设备运行情况，不应擅离操作现场。

（7）不应在故障状态下强行运行停车设备。

（8）操作时，不应允许任何人通过或站在升降机（载车板）等其他起升或运动部件的下方。

（9）车内乘客不应进入转换区或工作区。

（10）非人车共乘式停车设备，汽车停放到位后，存车人应立即离开。

244. 机械式停车设备作业有哪些应急措施？

（1）停车设备出现异常情况时，操作人员应立即按下紧急停止开关。排除异常情况、确认安全、紧急停止开关手动复位后，才能重新启动设备。

（2）在作业过程中发现事故隐患或者其他不安全因素时，应当立即向运营使用单位有关负责人报告。

（3）在紧急状况时，操作人员应以人员的安全为第一，采取恰当的处理措施。

（4）设备发生故障无法使用时，应立即通知维护人员，由维护人员排除故障。

（5）人车共乘式停车设备在运行过程中突然停止时，存车人应使用搬运器内的紧急联络装置与操作人员联系，等待救助，不应自行走出车外，以免发生事故。

（6）停车设备一旦发生事故，应立即停止设备运行，采取有效的应急措施，保护好事故现场，并报告安全管理人员及有关部门。停车设备重新运转时，应按《起重机械 检查与维护规程 第 11 部分：机械式停车设备》（GB/T 31052.11—2015）的规定进行检查和试运行。

245. 起重机液压油使用有哪些注意事项?

（1）应当按照使用说明书的要求使用规定的液压油。

（2）应当保持正常液面，及时补充油液。

（3）补充或更换的液压油都应当过滤，达到系统要求的过滤精度。使用的注油容器等应清洁，注油过程中应当避免空气和水混入，防止固体杂质和纤维杂质进入。

（4）作业中应注意油温的变化，避免超过规定的工作条件要求。

（5）低温下作业应先暖机，在油温达到工作条件后再正式运行。

246. 起重机液压系统操作有哪些注意事项?

（1）应保持电磁阀的电压稳定，避免线圈过热。

（2）调定的阀门压力和流量不可随意变动。

（3）操作应平稳，液压阀的开和关不能过猛过快，避免产生冲击载荷。

（4）作业中应注意泵和阀的动作有无异常、系统有无渗漏、压力是否过高或过低，发现异常应及时查找原因并妥善处理。

（5）液压系统各装置应保持清洁，作业完毕应清除灰尘、油污等。

247. 熔融金属的吊运作业有哪些规定?

（1）作业人员操作罐体时，应按规定佩戴相应的安全防护用品，处理高温熔融金属应佩戴深色护目镜和防护面罩。

（2）落放熔融金属罐体应平稳，不得停放在可能造成罐体倾斜的地方。

（3）盛装熔融金属时，液面与罐沿应留有一定的余隙高度，余隙高度应符合《钢液浇包 第 1 部分：型式与基本参数》（GB/T 23583.1—2009）和相关行业安全标准的规定。

（4）罐体有残铁（渣）悬挂时，应原地处理干净后方可起吊；遇特殊原因处理不掉应有专人沿线监护。

（5）不应在可能导致熔融金属、熔渣飞溅和热辐射伤害的地方倾倒熔融金属和熔渣。

（6）熔融金属吊运路线下方地面应保持平整，熔融金属吊运区域应实行封闭式管理。

（7）熔融金属吊运前，指挥人员应确认吊运区域无人员、车辆和障碍物；吊运过程中，人员不得在吊运区域通过、逗留。

（8）熔融金属吊运作业应设专人指挥，作业时同一时刻应由一人指挥。

（9）吊运盛装熔融金属罐时，应先试吊。试吊前，起重机司机与地面指挥人员应确认板钩两侧均挂牢。试吊时，先点动起升机构提升罐体，确认盛装熔融金属容器与其运输车辆无粘连后，将容器（罐）起升离开地面或运输车辆 200～500 mm，再停车试闸，观察制动装置是否存在溜钩及其他异常情况，确认抱闸灵敏可靠后，方可在专人指挥下将罐起升到运行高度。起重作业时禁止歪拉斜吊，禁止超载吊运。作业等待时应将保护盘电源停下。

（10）吊运重罐、渣罐，应确认两侧挂耳挂牢，方可通知起重机司机起吊；起吊时，吊运中罐体与人员的最小安全距离应符合《机

械安全 避免人体各部位挤压的最小间距》（GB/T 12265.3—1997）的规定，并尽量远离起吊地点，吊运重罐至少 10 m 以外。

（11）吊运高温熔融金属时，严禁行走机构与起升机构同时动作。

（12）起重机械大车运行前，应先确认起升机构已将熔融金属和浇包起升到安全运行高度后方可开动大车。安全运行高度应大于地面最高障碍物 0.5 m 以上。吊运过程中注意观察，不应碰撞各种设备及建筑物（脱模操作除外），操作、指挥吊运熔融金属时严禁从作业人员的上方强行通过。

（13）吊运熔融金属，如需副钩配合倾翻作业时，禁止提前挂副钩。作业完成后，应先落副钩再退小车，在副钩确认摘掉后，才能运行主起升机构。

（14）盛装熔融金属的罐体、包体在空中停留时间不宜大于 10 min。吊运装有熔融金属、熔渣的罐体和包体，应与邻近设备或建、构筑物保持大于 1.5 m 的净空距离。

（15）不应在人员相对集中的操作平台等位置起落盛装有熔融金属的罐体、包体。

3.3 起重机械日常检查与日常维护

248. 桥式和门式起重机日常检查项目、方法、内容及要求有哪些？

桥式和门式起重机每个工作班次开始作业前应进行日常检查并记

录。检查项目、方法、内容及要求如下。

（1）检查整机：

1）作业环境。检查起重机作业环境应无影响作业安全的因素。

2）外观。目测检查起重机各处应无垃圾、杂物、遗漏工具等。

（2）检查关键零部件：

1）吊具。目测检查抓斗的梨形接头和C型卸扣应无裂纹、过度磨损，且应润滑充分；目测检查吊具上架和吊具连接旋锁应可靠；目测检查吊具伸缩臂架滑动表面、滑轨的润滑状况应良好；目测检查吊具液压系统应无漏油现象，油箱油位应正常；目测检查吊具导板应无损坏。

2）钢丝绳。目测检查卷筒及滑轮上钢丝绳应无跳槽或脱槽等现象。

3）制动器。空载试验检查起升机构制动器应正常工作。

4）轮胎。目测检查轮胎表面应无鼓包、严重裂纹。

（3）检查电控系统：

1）供电电源。目测检查供电电源应工作正常。

2）操纵手柄。目测检查各机构操纵手柄应灵活、无卡阻，挡位手感明确，零位锁有效。

3）照明。目测检查照明装置应无破损。

（4）检查液压系统：目测检查液压系统应无泄漏。

（5）检查气动系统：目测检查气动系统应无泄漏。

（6）检查燃油系统：目测检查燃油系统应无泄漏。

（7）检查安全防护装置：

1）起升高度限制器。通过功能试验，检查起升高度限制器应固定可靠，功能有效。

2）运行行程限位器。通过功能试验，检查运行行程限位器应固定可靠，功能有效。

（8）检查安全监控管理系统：目测检查安全监控管理系统各控制单元应工作正常。

（9）检查标记和警示标志：目测检查起重机标牌、吨位牌、安全警示标志应清晰、无缺失。

（10）检查消防器材：目测检查消防器材的存放位置应正确，灭火器在有效期内。

桥式和门式起重机应当按照日常检查的结果进行相应维护。

249. 塔式起重机日常检查项目、方法、内容及要求有哪些？

塔式起重机每个工作班次开始作业前应进行日常检查并记录。检查项目、方法、内容及要求如下。

（1）检查整机：

1）压重。目测固定可靠，无移位。

2）基础。目测基础无积水及异常变动；目测（必要时用扳手）检查底架、塔身撑杆，应固定可靠、无松动。

3）螺栓连接。目测各连接螺栓已按说明书要求拧紧、锁定无松动。

4）晃动。空回转左右运行一圈无异常晃动与振动。

5）现场整理。塔机上无可能坠落的杂物。

（2）检查结构：

1）塔身节。目测主弦杆无塑性变形（局部微小凹坑除外）；目测连接接头焊趾部位弦杆无可见裂纹，有怀疑时用20倍放大镜或表面探伤设备进行辅助检查（有裂纹为A类故障）；封闭管材组焊标准节，目测查验腹杆节点及踏步部位主弦杆无可见裂纹，有怀疑时用 20 倍放大镜或表面探伤设备进行辅助检查（有裂纹为 A 类故障）；目测腹杆无塑性变形（局部微小凹坑除外）、焊缝无可见裂纹（有裂纹为 B 类故障）；目测连接接头焊趾部位焊缝无裂纹，有怀疑时用 20 倍放大镜或表面探伤设备进行辅助检查（有裂纹为 C 类故障）；目测查验腹杆端头及踏步部位焊缝无可见裂纹，有怀疑时用 20 倍放大镜或表面探伤设备进行辅助检查（有裂纹为 C 类故障）；目测各连接销轴已按说明书要求锁定、采用开口销定位时，开口销已按规定张开。

2）附着。目测结构无变动、连接紧固无松动。

3）上、下支座。目测塔身连接座、回转塔身（塔顶）连接座各焊缝的焊趾部位主肢无可见裂纹，有怀疑时用 20 倍放大镜或表面探伤设备进行辅助检查（有裂纹为 A 类故障）；目测塔身连接座、回转塔身（塔顶）连接座各焊缝的焊趾部位焊缝无可见裂纹，有怀疑时用 20 倍放大镜或表面探伤设备进行辅助检查（有裂纹为 C 类故障）。

4）回转塔身、塔顶（A 字架）。目测主弦杆无塑性变形或开裂（有变形或开裂为 A 类故障）；目测腹杆无塑性变形、焊缝无可见裂纹（有裂纹为 B 类故障）；目测连接耳板焊缝的焊趾部位主肢无可见裂纹，有怀疑时用 20 倍放大镜或表面探伤设备进行辅助检查（有裂纹为 A 类故障）；目测连接耳板焊缝的焊趾部位焊缝无可见裂纹，有怀疑时用 20 倍放大镜或表面探伤设备进行辅助检查（有裂纹为 C 类故障）。

5）平衡臂。目测连接耳板焊缝的焊趾部位焊缝无可见裂纹，有怀疑时用 20 倍放大镜或表面探伤设备进行辅助检查（有裂纹为 B 类故障）。

（3）检查机构：起升机构、变幅机构、回转机构、运行机构空运转无异常噪声，制动动作可靠；抗风防滑装置无缺损、无可见裂纹。

（4）检查关键零部件：

1）吊钩。目测防脱钩装置完整有效。

2）钢丝绳。目测起升、变幅钢丝绳已按规定保养，未达到《起重机 钢丝绳 保养、维护、检验和报废》（GB/T 5972—2016）的报废规定。

（5）检查安全防护装置：

1）行程限制器。空载运行试验幅度、高度、行走及回转限位动作灵敏有效。

2）急停保护。操作检查急停保护开关灵敏有效。

3）障碍灯。目测障碍灯指示正常，符合《塔式起重机安全规程》（GB 5144—2006）的规定。

4）风速仪。目测风速仪风杯转动无卡阻，显示仪显示正常（臂根铰点高度大于 50 m）。

5）超速保护。目测超速保护开关完好并输出正常（动臂变幅）。

以上日常检查中发现 A 类故障时，起重机应立即停用并根据应急预案进行紧急维修加固后整机拆除或更换故障部件；B 类故障的维修应在被维修部位不承受外载的状态下进行，并采取适当措施以保证维修过程中不发生次生灾害；C 类故障涉及结构焊缝的维修，若起重机处于已架设状态，维修时应保证该焊缝部位处于受力最小且受压应力状态，并采取适当措施以保证维修过程中不发生次生灾害。

250. 塔式起重机日常维护是如何要求的？

塔式起重机在每班前应进行日常维护。日常维护的内容至少包含以下几项：

（1）清理基础、轨道上的垃圾、冰雪及其他障碍物。

（2）清理基础积水、结构上的积水。

（3）清理各个工作机构部位上的油污、杂物等。

（4）清洁司机室玻璃。

（5）根据日常检查的结果进行相应维护。

251. 流动式起重机起重作业部分日常检查项目、方法、内容及要求有哪些？

流动式起重机每个工作班次开始作业前应进行日常检查并记录。检查项目、方法、内容及要求如下。

（1）检查整机：

1）作业环境。检查起重机作业环境应无影响作业安全的因素。

2）外观。目测检查起重机各处，应无垃圾、杂物、遗漏的工具等；目测检查起重机各处，应无积油、积水，无渗漏。

（2）检查机构：

1）起升机构。通过空载试验检查起升机构，应无异常声响、振动，运行平稳。

2）变幅机构。通过空载试验检查变幅机构，应无异常声响、振动，运行平稳。

3）回转机构。通过空载试验检查起重机回转机构，应无异常声响、振动。

4）伸缩机构。通过空载试验检查起重臂伸缩机构，应无异常声响、振动。

5）配重挂接系统。通过空载试验检查油缸，应伸缩自如，运行正常。

6）支腿伸缩。通过空载试验检查支腿伸缩，应无异常声响、振动。

（3）检查关键零部件：

1）吊具。检查吊具连接转锁，应可靠、回转自如；目测检查吊具液压系统，应无漏油现象，油箱油位应正常；检查吊具其他零部件，应无损坏。

2）钢丝绳。目测检查卷筒及滑轮上钢丝绳，应无跳槽或脱槽等现象。

（4）检查电控系统：

1）蓄电池。试验检查蓄电池，应工作正常。

2）控制装置。检查各按钮，应灵活有效，各绝缘保护应无破损；检查各机构操纵手柄，应灵活、无卡阻，挡位手感明确、零位锁有效。

3）电源总开关。检查电源总开关，应功能正常。

4）通信。通过功能试验，检查主机与中央控制室的通信，确保畅通。

5）照明、信号。检查照明、信号装置，应无缺损，无不亮、亮度不足等现象。

6）空调系统。检查驾驶室和控制室的空调系统，应工作正常；检查空调系统管路及接头，应无漏水、无油迹，冷凝器片应无损坏。

（5）检查液压系统：检查液压系统管路，应无破损、无泄漏、无松动、无扭曲、无老化；检查液压系统，应工作正常，无异响、过热等现象。

（6）检查动力系统：

1）发动机。应按照发动机维修手册要求检查和保养；检查发动机系统，应无漏水、漏气、漏油、漏电现象；目测检查发动机冷却液、尿素溶液、燃油的液位，应符合要求；检查发动机进气、排气管路、燃油管路及连接件，确保无松动、无扭曲、无破损、无堵塞；通过空载试验检查发动机运转有无异常，运转应平稳，监视仪表显示正常，检查发动机电气系统有无异常及异味；目测检查发动机机油液位，应符合要求。

2）散热系统。散热器清洗/反转除尘。

（7）检查安全防护装置：

1）幅度指示器。检查指示器装置应无变形、损坏，功能有效。

2）水平仪。检查水平仪应无损坏、功能有效。

3）安全监控管理系统。检查安全监控管理系统各控制单元应工作正常。

4）急停开关。触动紧急停止开关，起重机应立即停机；急停开关不应自动复位；手动复位后，再重新启动，起重机应能恢复正常运行。

5）标识和安全标志。检查起重机标牌、吨位牌、安全警示标志应清晰、无缺失。

以上检查适用汽车起重机、轮胎起重机、履带起重机、全地面起重机、随车起重机、集装箱正面吊运起重机。

252. 流动式起重机底盘部分的首次检查里程、日常检查里程和定期检查保养里程有何规定？

流动式起重机底盘部分的首次检查里程、日常检查里程和定期检查保养里程（单位：千公里），见表3-4。

表3-4　流动式起重机底盘部分的首次检查里程、日常检查里程和定期检查保养里程表　　单位：千公里

首次检查	日常检查	一级保养	日常检查	二级保养	日常检查	一级保养	日常检查	三级保养	日常检查	一级保养	日常检查	二级保养	日常检查	一级保养	日常检查	四级保养
1.5	5	10	15	20	25	30	35	40	45	50	55	60	65	70	75	80
	85	90	95	100	105	110	115	120	125	130	135	140	145	150	155	160
	165	170	175	180	185	190	195	200	205	210	215	220	225	230	235	240
	245	250	255	260	265	270	275	280	285	290	295	300	305	310	315	320
	325	330	335	340	345	350	355	360	365	370	375	380	385	390	395	400
	405	410	415	420	425	430	435	440	445	450	455	460	465	470	475	480
	485	490	495	500												

253. 流动式起重机底盘部分首次检查和日常检查的项目、方法、内容及要求有哪些？

（1）检查传动系：

1）变速器、分动箱。检查润滑油使用状况，更换润滑油。——此项为首次检查项目。

2）传动轴。传动轴润滑，保证润滑油嘴加满但不溢出；检查传动轴、联轴器的工作、连接和磨损情况，应无缺损、无松动，运行中无异响和异常振动。——以上为首次检查和日常检查项目。

（2）检查行驶系：

1）行走机构。通过空载试验检查行走系统（包括履带行走架、履带架），应无异常声响、振动，驱动轮、支重轮、托链轮、导向轮

行驶功能正常、有效；检查板簧销轴、油气悬挂油缸销轴是否加注润滑脂；检查U型螺栓，应无松动。——以上为首次检查和日常检查项目。

检查油气悬挂功能、油气悬挂中位调平功能及履带行走装置松紧程度，应正常、有效。——此项为首次检查项目。

2）驱动轴。检查驱动轴主减速器和轮边减速器液面；更换驱动轴主减速器和轮边减速器润滑油。——以上为首次检查项目。

清洁或更换驱动轴通气装置。——此项为日常检查项目。

3）从动轴。更换从动轴轮毂润滑脂。——此项为首次检查项目。

4）车轮。检测轮胎气压及磨损情况，应符合轮胎承受相应负荷时的规定。——此项为首次检查和日常检查项目。

轮胎螺母和半轴螺母应完整齐全，并按规定力矩紧固。——此项为日常检查项目。

（3）检查制动系：检查手制动、脚制动、气室功能，应正常、可靠；储气筒放水。——以上为首次检查和日常检查项目。

检查及调整调压阀输出压力。——此项为日常检查项目。

（4）检查转向系：测试和调整前轮前束及定位装置；检查和调整转向机、摇臂、拉杆螺栓、螺母的紧固和转向系的间隙。——以上为首次检查项目。

（5）检查气动系：检查气动系统密封性，管路元件及接头应无破损、无扭曲、无松动、无老化。——此项为首次检查和日常检查项目。

通过空载试验检查气动系统，应压力正常，仪表应指示正常；检查气动座椅、喇叭等元件，功能应正常，控制阀、安全阀等阀类作用正常、安全可靠。——以上为日常检查项目。

上述检查的有关说明：流动式起重机在达到首次检查里程时，应进行底盘部分的首次检查。首次检查的项目、方法、内容、要求等应不低于以上的标准。对于汽车起重机、全地面起重机、随车起重机的底盘部分，其日常检查时的里程及检查项目、方法、内容、要求等应不低于表 3-4 流动式起重机底盘部分的首次检查里程、日常检查里程和定期检查保养里程表和以上的标准。对于轮胎起重机、履带起重机、集装箱正面吊运起重机的底盘部分，其日常检查可参照汽车起重机、全地面起重机、随车起重机的规定。所有检查应有记录。

254. 臂架起重机日常检查项目、方法、内容及要求有哪些？

（1）检查整机：

1）作业环境。目测臂架检查起重机作业环境，应无影响作业安全的因素。

2）外观。目测检查臂架起重机各处，应无垃圾、杂物、遗漏的工具等。

（2）检查机构：

1）起升机构。通过空载试验检查起升机构，应无异常声响、振动，运行平稳。

2）运行机构。通过空载试验检查运行机构，应无异常声响、振动。

（3）检查关键零部件：

1）吊具。目测检查抓斗的梨形接头和 C 型卸扣，应无裂纹、过度磨损，且应润滑充分；目测检查集装箱吊具上架和吊具连接转锁，应可靠；目测检查集装箱吊具伸缩臂架滑动表面、滑轨的润滑状况，应良好；目测检查集装箱吊具液压系统，应无漏油现象，油箱油位应正常；目测检查集装箱吊具导板，应无损坏。

2）钢丝绳。目测检查卷筒及滑轮上钢丝绳，应无跳槽或脱槽等现象。

3）制动器。空载试验检查制动器，应工作正常。

（4）检查电控系统：

1）供电电源。目测检查供电电源，应工作正常。

2）控制装置。目测检查各机构操纵手柄，应灵活、无卡阻，挡位手感明确，零位锁有效。

3）通信。通过功能试验，检查主机与中央控制室的通信应畅通。

4）照明。目测检查照明装置，应无缺损，工作和照度正常。

5）空调系统。目测检查空调，工作应正常。

（5）检查液压系统：目测检查空滤器内干燥剂（若空滤器内含干燥剂）。

（6）检查气动系统：目测检查气动系统，应无泄漏。

（7）检查安全防护装置：

1）起升高度限制器。通过目测和功能试验，检查起升高度限制器，应固定可靠、功能有效。

2）运行行程限位器。通过功能试验，检查运行行程限位器，应固定可靠、功能有效。

3）起重量限制器。目测检查起重量限制器，应固定可靠，功能有效。

4）联锁保护。目测检查联锁装置，应无缺损、短接、绑扎等现象。

5）安全监控管理系统。目测检查安全监控管理系统，应工作正常。

6）标记和警示标志。目测检查起重机标牌、吨位牌、安全警示标志，应清晰、无缺失。

7）消防器材。目测检查消防器材的存放位置应正确，灭火器在有效期内。

以上检查适用于固定式起重机、港口台架式起重机、门座起重机。应根据每台起重机的具体特点确定日常检查项目和检查要求，且不应低于上述标准。

255. 施工升降机日常检查项目、方法、内容及要求有哪些？

（1）检查整机：

1）作业环境。目测检查施工升降机与相邻设备、障碍物、架空输电线等的安全距离，应符合相关规定；目测检查吊笼及对重运行通道空间内，应无任何障碍物。

2）层门。目测检查各停层处层门门锁装置，应符合《吊笼有垂直导向的人货两用施工升降机》（GB/T 26557—2011）中 5.5.5.1 和 5.5.5.2 的规定，层门未关，吊笼不能启动，且层门不能从楼层一侧打开。

3）基础、底架、围栏。目测检查基础，应无积水、沉降、掩埋及异常变动。

4）导轨架。用经纬仪测量导轨架垂直度应符合以下规定：当导轨架高度 $h \leq 70$ m 时，垂直度偏差应不大于架设高度的 1/1 000；当导轨架高度 $70 < h \leq 100$ m 时，垂直度偏差应不大于 700 mm；当导轨

架高度 $100<h\leqslant150$ m 时，垂直度偏差应不大于 90 mm；当导轨架高度 $150<h\leqslant200$ m 时，垂直度偏差应不大于 110 mm；当导轨架高度 $h>200$ m时，垂直度偏差应不大于 130 mm。

5）吊笼。目测检查操作位置司机视野应开阔，易于观察。

6）连接螺栓。目测（必要时用扳手）检查各机构、电器处连接螺栓，应无缺失、松动失效。

7）运行平稳性。目测检查吊笼空载上、下运行一次，应无异常振动晃动及异响。

（2）检查金属结构：导轨、导轨架，通过空载试验，对重上下运行应平稳、无卡滞。

（3）检查传动系统：

1）减速器。通过试运行，减速器应无异响、无异常振动、无过热等现象。

2）传动板。目测检查传动板连接，应可靠、牢固，各传动部件，应润滑良好。

（4）检查关键零部件：

1）随行电缆及滑车、电缆导向架。目测检查电缆，应完好，无严重扭曲变形、破损、老化等现象；通过空载试验，电缆滑车运行应平稳、无阻碍，导向架无损坏；无电缆滑车时应设置电缆储桶，电缆导向架应防止随行电缆缠绕，并引导电缆进入电缆储桶。

2）制动器。目测检查制动器手动释放装置，应齐全有效；通过空载试验检查制动器，应灵敏可靠。

（5）检查电控系统：

1）供电电源、电源箱。目测检查供电电源总开关，应功能正常；目测检查电源箱仪表，应完好，功能正常，门、锁齐全。

2）控制柜（台）。目测检查控制柜（台）操作指示和警告标志，应清楚，操作按钮、仪表功能应正常。

（6）检查安全防护装置：

1）限位开关。通过功能试验，检查上下行程限位开关，应固定可靠，功能灵敏正常，且能自动复位，安装位置符合相关要求。

2）极限开关。通过功能试验，触碰到极限开关时设备应能立即停机；极限开关必须是独立的、不能自动复位的，当手动复位后重新启动，设备应能向反方向正常运行；上、下极限开关的安装位置应保证吊笼在与其他机械停止装置接触前，切断动力供应，使吊笼停止。

3）急停开关。触动紧急停止开关（含便携式控制装置上的紧急停止开关），设备应能立即停机；紧急停止开关不应自动复位，手动复位后，重新启动，设备应能正常运行。

4）声光电报警装置。通过功能试验，检查声、光、电等报警装置，应工作正常。

256. 简易升降机日常检查项目、方法、内容及要求有哪些？

（1）检查整机：

1）作业环境。目测检查简易升降机作业环境，应无影响作业安全的因素。

2）标记、标牌与安全标志。目测检查简易升降机标记、标牌、安全警示标志、安全使用须知，应清晰、无缺失。

3）外观。目测检查简易升降机各处，应无垃圾、杂物、遗漏工具等；目测检查简易升降机各部分表面，应无严重的锈蚀、脱漆、损伤等缺陷。

（2）检查机房和检修平台：

1）通道。目测检查通向机房、滑轮间和底坑的通道，应保持畅通，永久性照明应完好。

2）检修空间和环境。目测检查机房和检修平台，应不得用来作为升降机以外的其他用途，机房应通风良好，门窗无破损，机房门开闭灵活、锁定可靠。

3）消防设施。目测检查消防设施的存放位置，应正确，灭火器在有效期内。

（3）检查井道：

1）封闭。目测检查除必要的开口外的井道，应完全封闭。

2）检修门和活板门。目测检查检修门和活板门，应无破损，相关的门锁应无缺损。

（4）检查金属结构：目测检查货厢门，应无明显变形、损坏等影响安全使用的缺陷；通过功能试验，检查货厢门的电气联锁装置，应工作正常，其型式应符合《简易升降机安全规程》（GB 28755—2012）中 8.5 的要求。目测检查货厢门，应开闭灵活、无卡阻、脱离轨道等现象；目测检查货厢门机械锁定装置，应锁定可靠。

（5）检查驱动装置：

1）电动葫芦。通过空载试验检查电动葫芦，应无异常声响、振动，运行平稳。

2）曳引机。通过功能试验检查曳引机，应无异常声响、振动，运行平稳。

3）液压泵站。通过空载试验检查液压泵站，应无异常声响、振动，运行平稳。

（6）检查关键零部件：

1）层门。目测检查每个层门，应无明显变形、损坏等影响安全使用的缺陷；目测检查每个层门，应开闭灵活、无卡阻、脱离导轨等现象；通过功能试验，检查每个层门的电气联锁装置，应工作正常，并符合《简易升降机安全规程》（GB 28755—2012）中8.5的要求；目测检查每个层门的机械联锁装置，应锁定可靠、工作正常。

2）制动器。通过空载试验检查制动器，应工作正常。

（7）检查电控系统：

1）供电电源。目测检查供电电源，应工作正常。

2）声光报警装置。通过功能试验，检查声光报警装置，应工作正常。

3）楼层召唤按钮。通过功能试验检查各召唤按钮及停止装置，应动作灵活、功能正确。

4）控制柜及电气设施。目测检查控制柜门开关，应灵活且门锁可靠；目测检查控制柜内电气线路及元器件，应无过热、烧焦等痕迹，元器件外表应无破损，罩壳应无掉落。

（8）检查液压系统：

1）液压油箱。目测检查液压油箱，应固定可靠、无变形、漏油现象。

2）液压管道及管件。目测检查液压管道，应无变形、裂纹、渗油、漏油现象，管件应固定可靠。

上述检查项目中，电动葫芦检查项目适用于强制式简易升降机，曳引机检查项目适用于曳引式简易升降机，液压泵检查项目适用于直接作用液压式简易升降机。

257. 缆索起重机日常检查项目、方法、内容及要求有哪些?

（1）检查整机：

1）作业环境。目测检查缆索起重机作业环境，应无影响作业安全的因素。

2）外观。目测检查缆索起重机各处，应无垃圾、杂物、遗漏的工具等。

（2）检查机构：

1）起升机构。检查起升机构，应无异常声响、振动，运行平稳。

2）牵引机构。检查牵引机构，应无异常声响、振动。

3）大车运行机构。检查大车运行机构，应无异常声响、振动现象。

（3）检查关键零部件承马：目测检查承马，应运行正常，行走轮及各托辊转动灵活，磨损正常；目测检查承马的开闭，应工作正常，各托辊转动灵活，磨损正常；目测检查承马在承载索上的固定，应完好，无相对滑移现象；目测检查各承马运行时，应无较明显的打滑现象，检查各承马分布是否均匀。

（4）检查电控系统：

1）供电电源。检查供电电源电压是否正常，供电变压器工作是否正常。

2）操控装置。检查各按钮，应灵活有效；查各机构操纵手柄，应灵活、无卡阻，零位锁有效。

3）电动机。检查电动机运转声音，应正常，温升应正常。

4）通信。通过功能试验检查系统各部分间通信，工作应正常。

5）照明。目测检查照明装置，工作应正常。

（5）检查液压系统：目测检查液压系统，应无泄漏。

（6）检查安全防护装置：

1）起升高度限制器。通过功能试验检查起升高度限制器，应固定可靠、功能正常有效。

2）小车行程限制器。通过功能试验检查牵引小车行程限制器，应固定可靠、功能正常有效。

3）大车行程限制器。通过功能试验检查运行行程限制器，应固定可靠、功能正常有效。

4）位置编码器。通过功能试验检查各位置编码器，应显示准确、功能正常有效。

5）排绳、挡绳装置接近开关。通过功能试验检查各接近开关，应动作准确、功能正常有效。

6）各制动器行程开关。通过功能试验检查各制动器行程开关，应动作准确，功能正常有效。

7）夹轨器保护。通过功能试验检查夹轨器保护功能，应正常有效。

8）主副车偏斜指示。通过功能试验检查偏斜指示，应正常、保护有效。

9）重量传感器。通过功能试验检查重量传感器，应固定可靠、测量准确、保护功能正常。

10）超速保护装置。目测检查超速保护装置，应无缺失。

11）联锁保护。通过功能试验检查电气联锁装置，应正常可靠。

12）接地保护。目测检查接地装置，应完好，功能有效。

13）安全监控管理系统。目测检查安全监控管理系统，各控制单元应工作正常。

14）急停开关。按下紧急停止开关，缆索起重机应立即停机。紧急停止开关不应自动复位。手动复位后，再重新启动，缆索起重机应能恢复正常运行。

15）大车行走预警装置。通过功能试验检查大车行走预警装置，应工作正常。

16）标记和警示标志。目测检查缆索起重机标牌、吨位牌、安全警示标志，应清晰、无缺失。

17）避雷针。目测检查避雷针，连接应牢固，接线应无松动。

18）缓冲器与端部止挡。目测检查缓冲器，应无变形、损坏；端部止挡应无变形、开焊。

19）防护罩、防雨罩。目测检查各旋转部位的防护罩及防雨罩，应牢固、齐全、无破损。

20）楼梯、阶梯、平台、走道、栏杆。目测检查楼梯、阶梯、平台、走道、栏杆，应完好且牢固。

21）消防器材。目测检查消防器材，应存放位置正确，灭火器在有效期内。

258. 桅杆起重机日常检查项目、方法、内容及要求有哪些?

（1）检查整机：

1）作业环境。目测检查桅杆起重机作业环境，应无影响作业安全的因素。

2）外观。目测检查桅杆起重机各处，应无垃圾、杂物、遗漏工具等。

（2）检查机构：

1）起升机构。通过空载试验检查起升机构，应无异常声响、振动，运行平稳。

2）变幅机构。通过空载试验检查变幅机构，应无异常声响、振动、运行平稳。

3）回转机构。通过空载试验检查回转机构，应无异常声响、振动。

4）牵引机构。通过空载试验检查牵引机构，应无异常声响、振动。

（3）检查关键零部件：

1）吊具。目测检查吊钩闭锁装置，吊钩螺母防松装置，应有效；目测检查吊具连接旋锁，应可靠；目测检查集装箱吊具液压系统，应无漏油现象，油箱油位应正常；目测检查吊具其他零部件，应无损坏。

2）钢丝绳。目测检查卷筒上钢丝绳，应缠绕正常、无乱绳现象。

3）制动器。空载试验检查制动器，应工作正常；起重机可360°回转时，检查非工作状态制动器，应分离可靠。

（4）检查电控系统：

1）供电电源。目测检查供电电源，应工作正常。

2）控制装置。目测检查各按钮，应灵活有效，操纵杆下部绝缘保护应无破损；目测检查各机构操纵手柄，应灵活、无卡阻，挡位手感明确，零位锁有效；目测检查遥控装置及按钮装置，外壳应无破损，控制按钮应标识清晰、正确，功能正常。

3）通信。通过功能试验检查主机与中央控制室的通信，应畅通。

4）照明、信号。目测检查照明、信号装置，应无缺损。

（5）检查液压系统：目测检查液压系统，应无泄漏。

（6）检查燃油系统：目测检查燃油系统，应无泄漏。

（7）检查安全防护装置：

1）起升高度限制器。通过功能试验检查起升高度限制器，应固定可靠、功能有效。

2）安全监控管理系统。目测检查安全监控管理系统各控制单元，应工作正常。

3）标记和警示标志。目测检查起重机标牌、吨位牌、安全标志，应清晰、无缺失。

4）消防器材。目测检查消防器材，存放位置应正确，灭火器在有效期内。

259. 机械式停车设备日常检查项目、方法、内容及要求有哪些？

（1）检查整机：

1）安全标志。目测检查标牌、安全标志，应齐全、清晰。

2）可靠性。空载试验，每套控制单元完成一次存取车，应无异常振动、噪声。

3）照明。检查设备照明，应符合《机械式停车设备 通用安全要求》（GB 17907—2010）中 B. 2 的规定。

（2）检查关键零部件：

1）搬运器、载车板。目测检查搬运器、载车板，应清洁。

2）钢丝绳。按照《起重机 钢丝绳保养、维护、检验和报废》

（GB/T 5972—2016）规定的方法检查钢丝绳，并应符合要求。

3）链条。目测检查防脱措施，应有效。

4）工作区栅栏。目测检查，应完整，无损坏，连接处无松动。

（3）检查电控系统：

1）供电电源。目测检查供电电源，应工作正常。

2）操作装置。目测检查操作装置，应整洁，按钮及指示灯应无缺损，指示信号和开关应正常，应无失灵、失控现象。

（4）检查安全防护装置：

1）紧急停止开关。触动紧急停止开关，设备应立即停机。紧急停止开关不应自动复位，手动复位后，重新启动，设备应能恢复正常运行。

2）警示装置。通过功能试验检查警示装置，应能发出声或光报警信号。

3）紧急联络装置。通过功能试验检查人车共乘式汽车专用升降机的升降搬运器内设有的紧急联络装置，应有效。

260. 起重机械周检有哪些内容？

起重机械正常情况下每周检查一次，或按制造商规定的检查周期和根据起重机械的实际使用工况制定检查周期进行检查。除了按日常检查规定的内容外，还应根据起重机械类型针对下列适合的内容进行检查：

（1）按制造商的使用说明书要求进行检查。

（2）检查所有钢丝绳外观有无断丝、挤压变形、笼状扭曲变形或其他的损坏迹象及过度的磨损和表面锈蚀情况。起重链条有无变形、过度磨损和表面锈蚀情况。

（3）检查所有钢丝绳端部结点、旋转接头、销轴和固定装置的连接情况。还需检查滑轮和卷筒的裂纹和磨损情况。所有的滑轮装置有无损坏及卡绳情况。

（4）检查起重机械结构有无损坏，例如桥架或桁架式臂架有无缺损、弯曲、上拱、屈曲以及伸缩臂的过量磨损痕迹、焊接开裂、螺栓和其他紧固件的松动现象。

（5）如果结构检查发现危险的征兆，则需要去除油漆或使用其他的无损检测技术来确定危害的存在。

（6）对于高强度螺栓连接，应按规定的扭矩要求和制造商规定的时间间隔进行检查。

（7）检查吊钩和其他吊具、安全卡、旋转接头有无损坏、异常活动或磨损。检查吊钩柄螺纹和保险螺母有无可能因磨损或锈蚀导致的过度转动。

（8）在空载情况下，检查起重机械所有控制装置的功能。

（9）超载限制器按其使用说明书的要求进行定期标定。

（10）对液压起重机械，检查液压系统有无渗漏。

（11）检查制动器和离合器的功能。

（12）检查流动式起重机上的轮胎压力以及轮胎是否有损坏、轮盘和外胎轮面的磨损情况。还需检查车轮上螺栓的紧固情况。

（13）对在轨道上运行的起重机械，应检查轨道、端部止挡，如有锚固也需进行检查。检查除去轨道上异物的安全装置及其状况。

（14）如有防摆锁，应进行检查。

（15）应做好检查记录并加以保存归档。

261. 不经常使用的起重机械有哪些检查要求？

（1）除了备用起重设备外，一台起重机械如果停止使用一个月以上，但不超过一年的起重机械应在使用前按起重机械日常检查规定进行检查。

（2）一台起重机械如果停止使用一年以上，在使用前应按起重机械周检的规定进行检查。

3.4 起重机司机操作技能

262. 起重机司机应当具备哪些基本操作技能?

起重机司机应当具备的基本操作技能可以用 7 个词来概括：稳、准、快、安全、合理。

其中：稳和准是快的前提，如果不稳不准，就不能做到快，而不能保证安全作业，再快也是没有意义的；但只注意安全而不快，也不能充分发挥起重机的工作效率；合理操作，又是安全操作的保证和前提。只有把这几个方面有机地统一起来，全面做到稳、准、快、安全、合理的操作，才能够达到起重机械作业的理想状态。

263. 起重机司机操作“稳”是如何体现的?

“稳”主要是指吊物在运行、就位过程中保持平稳状态，避免冲击和游摆现象。

（1）起动平稳。要做到从低速挡起步，等吊钩动起来后，再从低速挡向高速挡逐渐加速。这时，吊钩和吊物就能平稳地从静止状态过渡到起动状态，再从低速运行平稳过渡到高速运行。

（2）制动平稳。吊物从高速运行到停止运行过程中有个制动阶段，司机在制动的预备阶段就应将主令控制器从高速挡逐一返回低速挡，再回零位。如果从高速挡直接回零，会使吊钩和吊物产生强烈的晃动和冲击。起升机构的强烈制动，还将造成制动器摩擦元件超常磨损，吊物溜钩距离增大，甚至由于制动轮与闸瓦的高热而导致刹车失灵，酿成事故。

（3）稳钩操作。稳钩操作是消除吊钩游摆的技术操作。就是当吊钩游摆到最大幅度的瞬间，把大车或起重小车跟向吊钩游摆的方向，从而抵消作用于吊钩水平方向的力，消除游摆。

264. 起重机司机操作“准”是如何体现的?

“准”主要是指吊钩或重物准确地停在所需要的位置上。在以往的起重机械作业技能考核或竞赛中，题目基本都是围绕着“准”而展开的。

（1）落点准。司机应当对吊物所需通过的水平距离和垂直高度有准确的判断，并充分考虑起重机械的性能和运动惯性。在操纵手柄时，要把握回零位的提前量，使吊物能平稳准确到位。

（2）到位准。类似发电设备的安装定位要求极其精确，有的只有毫米的允差，这就要求起重作业的到位要准。这时吊物的起升或下降要微动，考验司机的是对起重机械性能的充分掌握，以及具有丰富的操作经验。

（3）估重准。就是要求估准吊物的重量，不能超载。

265. 起重机司机操作“快”是如何体现的?

“快”主要是指尽快协调各机构的工作，缩短工作循环时间，充分发挥起重机械应有的效能，提高劳动生产率。一些起重作业本身就有快的要求。例如，吊物长距离的下降，工件翻转作业，都要求司机迅速落钩或同时配合回车。起重机械运行中发生制动器失灵或控制手柄失去控制，也需要起重机司机操作动作要快。

266. 起重机司机操作“安全”是如何体现的?

安全第一，起重作业过程必须保障人身和财产安全。司机要掌握所操作起重机械使用说明书要求的操作规程，严格遵守各项规章制度，遵守安全技术规范。要注意不安全因素和事故隐患，做到提早发现，提前预防，避免事故，切实保证作业安全。

267. 起重机司机操作“合理”是如何体现的?

合理操作，是要综合考虑起重机械的工作级别等涉及作业能力的要素。不能因为快吊、多吊超出起重机械自身的设计能力，不能因为不合理的操作造成起重机械结构或机构的超负荷运转，以致降低起重机械的使用寿命。

268. 何谓稳钩操作? 如何稳钩?

在起重作业中，由于司机操作不熟练、控钩技能水平不高、起重机械的启动和制动过快过猛，或者吊物捆绑吊挂不当、吊钩距吊物重心太远、工作机构制动器调整不适宜等原因，都会造成吊物的游摆。稳钩操作，就是使与吊物一起游摆的吊钩保持垂直状态，随起重机械平稳运行并停在指定的位置。

(1) 起车稳钩。突然启动和快速推挡，吊物会由于惯性的作用滞后与起重机械车体一段距离而游摆。对于具有大、小车的起重机械，此时应立即将大、小车控制器手柄扳回零位制动停车，等吊物向前摆动并且越过吊钩垂直位置时，重新启动并向前跟车。在速度恰当、起车及时的情况下，可稳钩运行。

（2）运行稳钩。运行中出现吊物向前后或左右游摆，可顺着吊物游摆的去向加速跟车，向吊物游摆的回向减速跟车，如此反复加速跟车和减速跟车，可稳钩运行。

（3）停车稳钩。起重机械运行到预定位置停车时，吊物如果因惯性作用出现游摆，司机应在到达预定位置前把控制器逐挡扳到零位，并在吊物向前游摆时低速挡瞬时跟车，可平稳停在预定位置。

（4）斜向或圆弧形游摆稳钩。具有大、小车的起重机械在大、小车同时突然启动或制动、快速推挡时，吊物会产生斜向或圆弧形游摆，此时应同时启动大、小车向游摆方向跟车，可消除这种游摆现象。

（5）抖绳稳钩。在吊索过长、分肢长短不等或吊物重心偏移的情况下，吊物大幅度、慢速来回摆动，起升钢丝绳则以小幅度、快速抖动，应在吊物与吊钩向同一方向游摆时快速向回跟车并快速停车，如此反复几次可实现稳钩。

以上稳钩操作过程，一般都需要一次以上才能完成。

269. 什么是翻转操作?

翻转操作是起重作业中一项要求较高的操作技能，包括兜翻、带翻、游翻、空中翻转。如果操作不当，容易造成事故。

270. 如何进行兜翻操作?

兜翻也叫兜底翻，主要用于不怕碰撞的毛坯件。

操作过程：把吊索兜挂在吊物的底部或下侧，逐步提升吊钩，在吊物逐渐倾斜的同时校正运行机构、旋转机构、变幅机构的位置，确保吊钩钢丝绳始终处于垂直状态。当吊物重心超过地面支撑点、吊物自行翻转时，立即以最快的下降速度落钩。

271. 如何进行带翻操作？

带翻适用于造好型的砂箱和已加工的物件，其作业实质是用斜拉的方法进行翻转，要求斜拉角度不能大于 5°，防止钢丝绳在滑轮或卷筒上脱槽。

操作过程：把吊物吊起后立着落下，使钢丝绳绷紧，再向翻转方向开车把吊物带倒，同时顺势落钩并保持吊钩垂直。

272. 如何进行游翻操作？

游翻主要用于大型齿轮毛坯和空砂箱等扁体物体的翻转。

操作过程：把吊物吊起后，再开车人为摇摆，在吊物达到最大幅度的瞬间迅速落钩，使吊物下部着地后上部在惯性的作用下向倾斜方向倾倒。此时要一直顺势落钩，同时要开车校正使吊钩在翻转过程中保持垂直。

273. 如何进行空中翻转操作？

空中翻转有 90° 翻转和 180° 翻转两种操作方式。90° 翻转适用于钢水浇包类作业，180° 翻转适用于机件加工、工艺安装或设备检修。

（1）90° 翻转操作过程：用主、副两个吊钩分别吊挂在吊物的上、下两个吊点，到达预定位置时用慢速将副钩向上提起、主钩同时向下降落，直至完成 90° 翻转。

（2）180°翻转操作过程：用两肢较长的吊索，同挂在吊物一端的一个吊点，第一肢吊索的另一端直接挂在副钩上，第二肢吊索的另一端绕过吊物的底部挂在主钩上。主、副钩同时提升使吊物离开地面 0.3~0.5 m，停止提升副钩，继续提升主钩，吊物即在空中绕吊点端逐渐向上翻转。为保持吊物与地面的距离，在主钩提升的同时应继续降落副钩，通过主、副钩的协调动作可将吊物翻转 90°；此后，副钩连续慢速下降，主钩继续上升，与吊物吊点对称的另一端绕吊点转动，完成 180°翻转。

274. 翻转操作有哪些注意事项?

翻转操作有以下注意事项：

（1）兜翻、带翻、游翻操作应注意以下事项。

1）根据翻转吊物的特点和现场起重机械条件确定翻转方案。

2）正确估计翻转吊物的质量和重心，正确选择吊点和捆绑位置，避免翻转时对起重机械造成冲击和振动。

3）指挥吊物翻转时，应使吊物重心平稳变化，避免吊物发生碰撞。

4）翻转时不能危及作业人员，不能碰撞翻转作业区内的其他设备和设施。

（2）空中翻转操作应当注意以下事项。

1）正确估计吊物质量及其重心位置，并正确选择吊点和捆绑位置。

2）要采取措施防止吊物被钢丝绳吊索损伤，防止钢丝绳吊索被吊物割断，防止吊物在翻转中变形和脱落。

3）翻转中要防止吊物触地和自行翻转。

275. 何谓起重机起升制动器失效？有何可能导致的后果？

起重机起升机构控制器手柄放到零位后，吊钩不能停止运动的情况称为制动器失效，俗称“溜钩”。

制动器突然失效会使吊钩及吊挂在吊钩上的物件迅速下降，如果司机在此时不能及时采取措施，可能导致重大的人身和设备事故。

276. 起重机起升制动器机械性失效有何特征？如何处理？有哪些产生故障的原因？

起重机起升制动器机械性失效的特征是：进行一次“点车”或“反向”操作，吊物上升，再将手柄放到零位，吊物又下滑。

（1）处理的方法和步骤如下：

1）持续示警。司机应当首先持续鸣铃示警，发出警告信号，提醒地面人员躲避。

2）落下吊物。选择原地落下吊物或离开原地落下吊物，不能让吊物自由坠落。

①如果吊物接近地面，落下没有什么危险时，把控制器手柄放到下降速度最慢挡，把吊物原地落下。

②如果在原地把吊物落下去会造成事故，司机应把控制器手柄放到上升速度最慢挡，使吊物以最慢速度上升。在接近上极限位置时，再将手柄放到下降速度最慢挡，使吊物以最慢速度下降。如此反复升降，直至到达安全区域落下吊物。

（2）应当注意的事项如下：

1）发现制动器失效时，应立即将控制器手柄置于工作挡位，不能在零位停留，要延缓吊物落地时间。

2）要防止发生误动作，如把控制手柄放到“1 挡”误以为回零，造成制动器假失效感。

3）在吊物上、下升降和开动大、小车运行的过程中，司机应持续鸣铃示警。

4）要时刻注意吊物上、下极限位置，都要留有一定的操作余地。

5）不能断电，还要注意在操作控制手柄时逐步换挡，避免因速度过快使过电流继电器动作造成主接触器释放切断电源，引发吊物自由坠落事故。

（3）“溜钩”的故障原因有以下可能：杠杆的铰链被卡住，制动轮和制动带上有油污，电磁铁铁芯没有足够的行程，制动轮或制动带有严重磨损，主弹簧松动和损坏，锁紧螺母松动，拉杆松动等。

277. 起重机起升制动器电气性失效有何特征？如何处理？

起重机起升制动器电气性失效的特征：当起升制动器失效时，采用“点车”或“反向”操作后失效现象依然存在。

处理方法：立即扳动紧急开关，并拉下电器刀闸，切断电源。在切断电源后制动器动作，吊物会停止下滑。

278. 起重机起升制动器假象失效有何特征？有哪些造成的原因？

通常把起升制动器并未实质性失效的现象，称为假象失效。这种现象的特征是，采用“点车”或“反向”操作或手柄放到零位后，失效现象自然消除。

造成制动器假象失效的原因如下：

（1）司机停车时控制手柄没有放在零位，起重机并没有停车，制动电磁铁也没有断电，因而会发生吊物迅速下降的情况。这种情况，只需进行“点车”或“反向”操作即可解决。

（2）具有两级反接制动的 PQR6402 控制系统，其下降接触器在由反接制动级转换到再生下降级时，由于制动接触器是闭合的（制动器松闸），而电动机并不通电，所以吊钩就会自由坠落。

遇到这种情况要立即停车，将控制器手柄放到零位后，失效问题随之解决。

279. 起重机运行机构制动器失效如何处理？

起重机运行机构制动器失效，俗称“溜车”。溜车会使停车越位，发生同跨两车相撞或吊物撞击人员、设备等事故。

遇到这种情况要立即通过使用最低挡“反向”操作制动，不可挡位过高，以避免引起过流继电器动作而断电造成起重机失控。

应当说明的是，以上在制动器失效时采取的“反向”操作，是紧急情况下采取的非常措施，在起重机的正常作业中不应作为停止升降或停止运行的一种方式，以减少“反向”操作对起重机的机械、电气以及结构造成的伤害。

280. 起重机机构中间一个快慢装置失灵如何处理？

起重机在工作时，当发现往任何方向开动时，中间有一个快慢装置失灵，其原因可能是快慢控制器在该挡位接触不良，也可能是启动电阻器不起作用。

遇到这种情况应停止运行，查明原因，待故障处理后再使用。

281. 起重机上电动机或电磁铁过热起火如何处理？

起重机上使用的电动机或电磁铁，会因过热而起火。

遇到这种情况应立即切断电源，然后用二氧化碳灭火器灭火。严禁用水和泡沫灭火器灭火，切忌不能带电灭火，以防触电危险。

282. 起重机连续发生烧断熔断丝情况如何处理?

在工作中连续发生熔断丝烧断情况，其原因可能是在低电压下吊运重大吊物而引起的，也可能是线路有接地现象等。

遇到这种情况，不可擅自加粗熔断丝，更不能用其他金属丝代替，以免扩大故障。应查明原因，采取相应的解决措施。

第4章 起重机指挥与司索安全知识

4.1 起重指挥信号

283. 起重机手势信号应符合哪些要求?

（1）手势信号应合理使用，并被起重机操作人员完全理解。

（2）手势信号应清晰、简洁，以防止误解。

（3）非特殊的单臂信号可以使用任何一只手臂表示（特殊信号可以用一只左手或右手表示）。

（4）指挥人员应遵循以下规定：

1）处于安全位置。

2）应被操作人员清楚看见。

3）便于清晰观察载荷和设备。

（5）操作人员接收的手势信号只能由一个人给出，紧急停止信号除外。

（6）必要时，信号可以组合使用。

284. 起重机手势信号有哪些?

起重机手势信号包括通用手势信号、垂直运动手势信号、水平运动手势信号、相关部件的运行手势信号以及起重吊具控制使用的抓斗开闭手势信号，具体见表 4-1 至表 4-5。

表 4-1　通用手势信号

信号	手势	图示
操作开始（准备）	手心打开、朝上，水平伸直双臂	
停止（正常停止）	单只手臂，手心朝下，从胸前至一侧水平摆动手臂	
紧急停止（快速停止）	两只手臂，手心朝下，从胸前至两侧水平摆动手臂	
结束指令	胸前紧扣双手	
平稳或精确的减速（这个信号发出后应配合发出其他的手势信号）	掌心对扣，环形互搓	

表 4–2　垂直运动手势信号

信号	手势	图示
指示垂直距离	将伸出的双臂保持在身体正前方，手心上下相对	
匀速起升	一只手臂举过头顶，握紧拳头并向上伸出食指，连同前臂小幅地水平划圈	
慢速起升	一只手给出起升信号，另一只手的手心放在它的正上方	
匀速下降	向下伸出一只手臂，离身体一段距离，握紧拳头并向下伸出食指，连同前臂小幅地水平划圈	
慢速下降	一只手给出下降信号，另外一只手的手心放在它的正下方	

表 4–3　水平运动手势信号

信号	手势	图示
指定方向的运行/回转	伸出手臂，指向运行方向，掌心向下	
驶离指挥人员	双臂在身体两侧，前臂水平地伸向前方，打开双手，掌心向前，在水平位置和垂直位置之间，重复地上下挥动前臂	
驶向指挥人员	双臂在身体两侧，前臂保持在垂直方向，打开双手，掌心向上，重复地上下挥动前臂	
两个履带的运行	在运行方向上，两个拳头在身前相互围绕旋转［向前如图（a）所示，向后如图（b）所示］	 （a）  （b）

续表

信号	手势	图示
单个履带的运行	举起一个拳头，指示一侧的履带紧锁。在身体前方垂直地旋转另外一只手的拳头，指示另外一侧的履带运行	
指示水平距离	在身前水平伸出双臂，掌心相对	
翻转（通过两个起重机或两个吊钩）	水平、平行地向前伸出两只手臂，按旋转方向旋转 90°	 

表 4-4　相关部件的运行手势信号

信号	手势	图示
主起升机构	保持一只手在头顶，另一只手在身体一侧（在这个信号发出之后，任何其他手势信号只用于指挥主起升机构。当起重机具有两套或以上主起升机构时，指挥人员可通过手指指示的方式来明确数量）	

续表

信号	手势	图示
副起升机构	垂直地举起一只手的前臂，握紧拳头，另外一只手托于这只手臂的肘部（在这个信号发出后，任何其他手势只用于指挥副起升机构）	
臂架起升	水平地伸出手臂，并向上竖起拇指	
臂架下降	水平地伸出手臂，并向下竖起拇指	
臂架外伸或小车向外运行	伸出两只紧握拳头的双手在身前，伸出拇指，指向相背	
臂架收回或小车向内运行	伸出两只紧握拳头的双手在身前，伸出拇指，指向相对	
载荷下降时臂架起升	水平地伸出一只手臂，并向上竖起拇指。向下伸出另一只手臂，离身体一段距离，连同前臂小幅地水平划圈	

续表

信号	手势	图示
载荷起升时臂架下降	水平地伸出一只手臂，并向下竖起拇指。另一只手臂举过头顶，握紧拳头并向上伸出食指，连同前臂小幅地水平划圈	

表 4-5　抓斗开闭的手势信号

信号	手势	图示
抓斗张开	双臂与肩平齐伸直，掌心向下	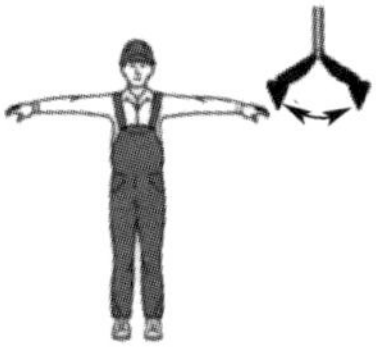
抓斗关闭	手臂在身体正前方成一环形，十指平行相对	

285. 起重吊运通信系统一般注意事项有哪些？

（1）起重吊运通信系统一般注意事项如下：

1）必须使用有限数量的通信信号。

2）每种信号必须与其他信号相区别，防止误解。

3）采用听觉或视觉系统作为通信设备或手段时，一旦发生故障，应能让司机马上察觉到并停止起重机的运行。

（2）典型示例如下：

1）电视监控器出现黑屏时，应立即要求司机停止起重机的一切动作。

2）使用无线电的指挥人员应连续指挥司机下降载荷，例如重复："下降、下降、下降……"并且在指挥人员的连续指挥中断时，应要求司机停止起重机的所有动作。

3）在司机未能完全弄懂信号的情况下，不应开动起重机。司机和指挥人员可在进行起重工作之前，商定在现场使用的联络方式。

286. 对讲机如何使用?

（1）同一品牌型号的对讲机出厂频率相同，即可通话；不同型号的对讲机只要频段相同也可通过编程软件，更改频率后获得通话。指挥人员、司机等作业人员应当使用本单位给定的固定频率接收和讲话，不应私自调整频率。

（2）讲话时按住放射键，红色指示灯亮，将对讲机处于垂直位置，离嘴边 25~50 mm，通话结束松开按键。

（3）对讲机自动接收，不需用按键。

（4）监听时按下监听键，绿色指示灯亮，监听只在对讲机接收信号极弱的情况下使用，一般不用。

（5）使用中尽可能避免多次开关机，音量按个人听觉适合调整。

4.2　起重索具及其使用

287. 何谓起重索具？如何分类？

起重索具是指起重作业中绑挂起重物品的用具。

起重索具主要有金属索具和合成纤维索具两大类。金属索具主要有钢丝绳吊索类、链条吊索类等，合成纤维索具主要有以锦纶、丙纶、涤纶等为材料生产的绳类和带类索具等。

288. 何谓钢丝绳索具？

钢丝绳索具是采用钢丝绳为主体，末端采用规定的方法固结的索具。一般钢丝绳的固结方法分为压制、插编、浇注、编织、夹持、楔形套紧固等。

289. 钢丝绳索具有哪些分类？如何定义？

（1）压制固结索具。通过压制一定长度的金属套管，使其固结钢丝绳绳端成特定连接结构的索具。包括：

1）折返式套管压制索具。在钢丝绳末端折返后，通过套管压制方式与钢丝绳主体形成眼型索扣的索具。

套管材质为铝合金，简称铝套；套管材质为铜合金，简称铜套；套管材质为不锈钢，简称不锈钢套；套管材质为碳钢或合金钢，简称钢套。

2）对缠式钢套管压结索具。钢丝绳的末端对缠后与钢丝绳的主体通过钢套管压制方法形成的眼型索扣的索具。

3）钢接头压结索具。钢丝绳末端直接穿入钢接头内，经模具压制固结为一体，用于承受拉力的钢丝绳索具。

钢接头分为：开式钢接头、闭式钢接头、螺杆式钢接头。

4）短圆柱头压结索具。在钢制短圆柱头套管内孔穿入钢丝绳，经过模具压制固结为一体的索具。

5）压制环形索具。以压制套管方法使钢丝绳成环形的索具。

6）定位索。在钢丝绳上压制多个套管定位而制成的索具。

（2）插编索具。以钢丝绳或股多次穿插钢丝绳本体形成的索具。包括：

1）眼型插编索具。在钢丝绳末端插编后形成眼型索扣的索具。

2）环形插编索具。以插编的方式制成的环形索具。

3）缆绳插编索具。以钢丝绳捻制成缆绳后再插编成的索具。

（3）浇注索具。以规定的固结介质，使钢丝绳与索节固结在一起的索具。包括：

1）合金浇注索具。以金属作为介质，使钢丝绳与索节固结在一起的索具，浇注方式又称高温浇注。

2）树脂浇注索具。以树脂作为介质主体，使钢丝绳与索节固结在一起的索具，浇注方式又称常温浇注。

（4）编织索具。主要以一根或多根钢丝绳互相缠绕或编织的方式制成的索具。包括：

1）环索。一根连续长度的钢丝绳或股围绕特定的环形芯，按照规定的捻距循环缠绕 6 次而成的环形绳索。

2）编织环形索具。以多根钢绳互相编织后形成的环形索具。

3）编织眼型索具。以多根钢绳互相缠绕编织后形成两端带眼型索扣的索具。

4）编织扁平索具。以多根钢绳或股互相编织后形成平面带状的钢丝绳索具。

5）编织套形索具。以多根钢绳或股互相编织形成中空套形的索具。

（5）夹持索具。采用多个钢丝绳夹或压板用压紧方式固结钢丝绳端的索具。

（6）楔形接头索具。采用楔形接头以楔套与楔块固结钢丝绳末端的索具。

（7）复合型索具。索具的两端采用不同的固结方法制成的索具。

（8）索扣。索具末端固结后形成的眼型端头。包括：

1）软环索扣。索具的索扣内无衬套，自然形成的环眼固结端头，又称软环眼。

2）套环索扣。索具的索扣内嵌套环的固结端头。

290. 一般用途钢丝绳吊索的钢丝绳有什么要求?

一般用途钢丝绳吊索是由单肢或多肢钢丝绳吊索和配件组配而成，适用于多种用途的以钢丝绳为主体的提升吊索。

一般用途钢丝绳吊索的钢丝绳应符合《不锈钢丝绳》（GB/T 9944—2015）、《钢丝绳通用技术条件》（GB/T 20118—2017）、《粗直径钢丝绳》（GB/T 20067—2017）、《重要用途钢丝绳》（GB/T 8918—2006）、《起重机用钢丝绳》（GB/T 34198—2017）标准中规定的单层圆股纤维芯或钢芯钢丝绳的要求，但不包括多层股钢丝绳和异形股钢丝绳。钢丝绳公称抗拉强度应不大于 1 960 MPa。

291. 一般用途钢丝绳吊索如何计算额定工作载荷?

《一般用途钢丝绳吊索特性和技术条件》（GB/T 16762—2020）规定了单肢吊索和多肢组装吊索计算额定工作载荷的方法。

292. 一般用途钢丝绳吊索的多肢组装吊索是如何连接的?

两肢组装吊索是由两支单肢吊索的上端用一个主吊环连接而成；三肢组装吊索中的两肢由一个中间环与主吊环连接，另一肢应由第二个中间环连接；四肢组装吊索的中间两肢应由一个中间环与主吊环连接。

293. 一般用途钢丝绳吊索的多肢组装吊索长度偏差是如何规定的?

多肢组装吊索实测长度和公称长度的差值应不大于钢丝绳公称直径的 2 倍，或不大于规定长度的 0.5%，二者之中取大值。多肢组装吊索中各单肢吊索长度间的差值应不大于钢丝绳公称直径的 1.5 倍，或不大于规定长度的 0.5%，二者之中取大值。

294. 一般用途钢丝绳吊索使用夹角是如何规定的?

单肢吊索与竖直方向之间的夹角 β 应不大于 60°，两肢组装吊索相对应的吊索夹角 α 应不大于 120°，多肢组装吊索的夹角示意图见图 4-1。

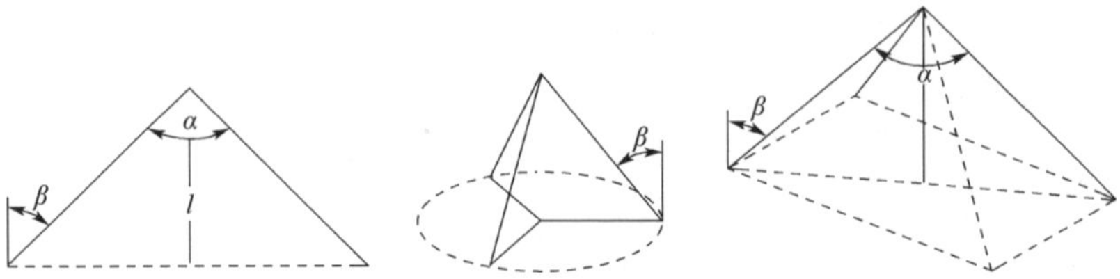

a)　　b)　　c)

图 4-1　多肢组装吊索的夹角

a）两肢组装吊索；b）三肢组装吊索；c）四肢组装吊索

295. 钢丝绳吊索在不同工作环境温度下对额定工作载荷有什么影响？

钢丝绳吊索在不同工作环境温度下对额定工作载荷的影响不同。

以吊索终端类型为例，温度为 T，额定工作载荷用百分比表示：

（1）折返式套管压制吊索，铝套管。

钢丝绳芯为纤维绳芯时，-40 ℃ $\leqslant T \leqslant 100$ ℃，额定工作载荷 100%；$T>100$ ℃，不应使用。

钢丝绳芯为钢芯时，-40 ℃ $\leqslant T \leqslant 150$ ℃，额定工作载荷 100%；$T>150$ ℃，不应使用。

（2）对缠式钢套压结吊索，钢套管。

钢丝绳芯为纤维绳芯时，-40 ℃ $\leqslant T \leqslant 100$ ℃，额定工作载荷 100%；$T>100$ ℃，不应使用。

钢丝绳芯为钢芯时，-40 ℃ $\leqslant T \leqslant 150$ ℃，额定工作载荷 100%；150 ℃ $<T \leqslant 200$ ℃，额定工作载荷 90%；200 ℃ $<T \leqslant 300$ ℃，额定工作载荷 75%；300 ℃ $<T \leqslant 400$ ℃，额定工作载荷 65%；$T>400$ ℃，不应使用。

（3）插编索具。

钢丝绳芯为纤维绳芯时，$-40\ ℃ \leqslant T \leqslant 100\ ℃$，额定工作载荷 100%；$T>100\ ℃$，不应使用。

钢丝绳芯为钢芯时，$-40\ ℃ \leqslant T \leqslant 150\ ℃$，额定工作载荷 100%；$150\ ℃<T\leqslant 200\ ℃$，额定工作载荷 90%；$200\ ℃<T\leqslant 300\ ℃$，额定工作载荷 75%；$300\ ℃<T\leqslant 400\ ℃$，额定工作载荷 65%；$T>400\ ℃$，不应使用。

296. 吊挂方法中如何使用钢丝绳吊索的穿套式结索法?

穿套式结索法适用于吊挂没有适宜吊耳、吊环螺栓的物品，单肢和多肢吊索均可采用穿套式结索法（见图 4-2）。

单肢吊索额定工作载荷应不超过所标记的 80%；计算多肢吊索额定工作载荷时，按单肢吊索额定工作载荷的 80% 折减计算后按照《一般用途钢丝绳吊索特性和技术条件》（GB/T 16762—2020）额定工作载荷计算系数进行。

采用穿套式结索法，应选用合适长度的吊索，允许绳套呈自然角度，并确保绳处角度不超过 120°［见图 4-2a）］，且在绳套处不应向下施加任何可能损坏吊索的压紧力；两肢间夹角应不大于 90°［见图 4-2c）］。吊索绕过被吊物的曲率半径应不小于该绳径的 2 倍。

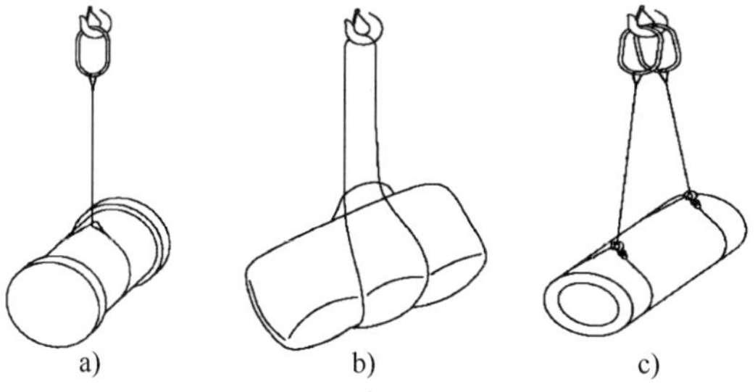

图 4-2　穿套式结索法

a）单肢穿套式结索法；b）单肢（环索）穿套式结索法；c）双肢穿套式结索法

297. 吊挂方法中如何使用钢丝绳吊索的双圈穿套结索法?

双圈穿套结索法（见图 4-3）适用于管子束等松散负载吊挂。

吊索在扣住之前围绕物件绕过一整圈，对松散物件可以起到收拢和箍紧的作用。当提升负载时，应绷紧钢丝绳。此方法不能完全固定负载，仅适用于吊挂不能从吊索中滑脱的稳定负载，并可以通过远离平衡点的位置起吊来提高稳定性。

采用双圈穿套结索法，应选用合适长度的吊索，允许绳套呈自然角度，并确保绳处角度不超过 120°，且在绳套处不应向下施加任何可能损坏吊索的压紧力；两肢间夹角应不大于 90°。

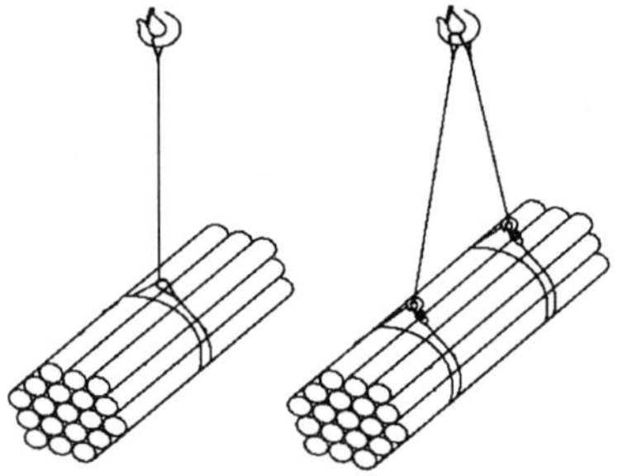

图 4-3　双圈穿套结索法

298. 吊挂方法中如何使用钢丝绳吊索的吊篮式结索法?

吊篮式结索法适用于提升带孔大滚筒类的载荷。

当使用一根吊索时，应使吊索在载荷重心上方穿过［见图 4-4a)］。当使用两肢吊索时，索侧肢间夹角应不超过 90°且两肢吊索均应采用相同吊篮式结索法［见图 4-4b）和 c)］，此时被提升的载荷可增大到单肢吊索额定工作载荷的 2. 1 倍。

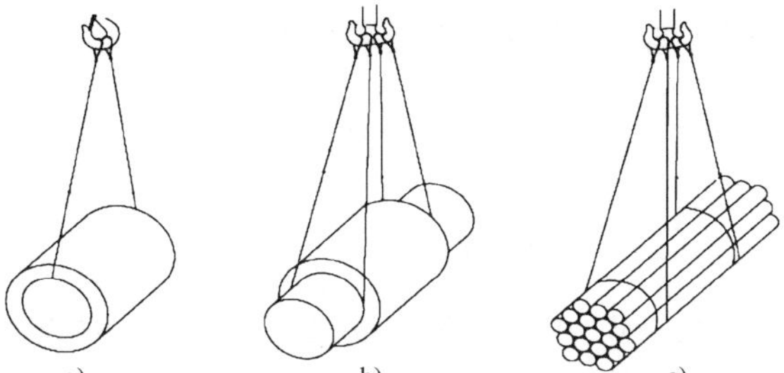

a)　　b)　　c)

图 4-4　吊篮式结索法

a）单肢吊篮式结索法；b）双肢吊篮式结索法；c）双肢捆绑吊篮式结索法

299. 吊挂方法中如何使用钢丝绳吊索的横梁双圈吊篮式结索法?

横梁双圈吊篮式结索法见图 4-5，适用于吊挂较长的松散束状物负载。

300. 吊挂方法中如何使用钢丝绳吊索的双股双圈穿套式结索法?

双股双圈穿套式结索法见图 4-6，适用于吊挂没有适宜吊耳、吊环螺栓且重心相对稳定的物体。

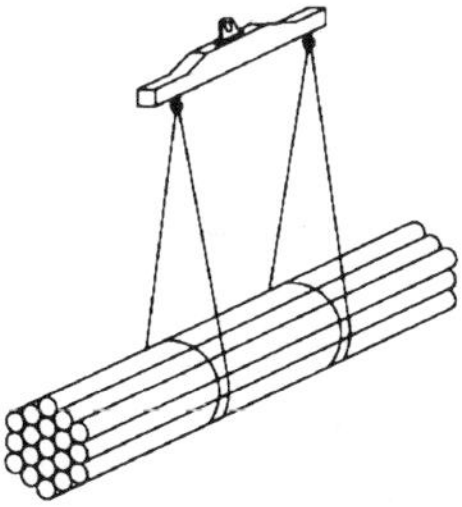

图 4-5　吊索横梁双圈吊篮式结索法

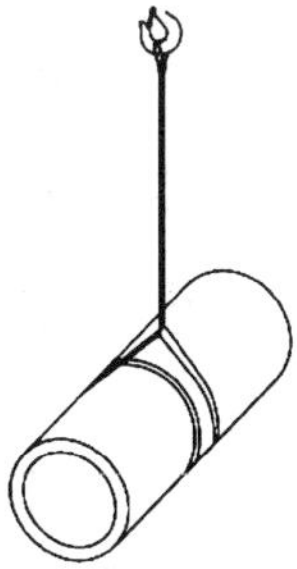

图 4-6　双股双圈穿套式结索法

301. 钢丝绳吊索有哪些端配件？

钢丝绳吊索端配件包括吊环、卸扣、环眼吊钩。

302. 吊环有哪几种连接型式？

吊环有 A 型、B 型、C 型、D 型、E 型 5 种连接型式，见图 4-7。

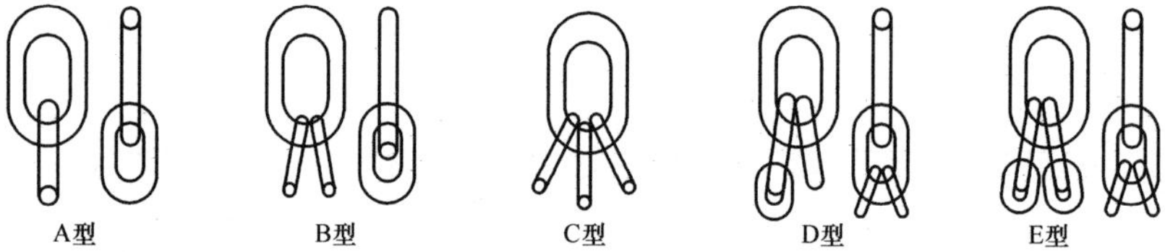

图 4-7　吊环的 5 种连接型式

303. 吊环有哪些使用要求？

吊环分主环和连接环。吊环的使用要求如下：

（1）用于组成链式吊索、钢丝绳吊索、纤维绳吊索的主环宜采用长形环，连接环应采用长形环。

（2）与单只吊环直接连接的吊索数不应多于三肢，四肢吊索与主环的连接应采用连接型式中的 E 型。

（3）出现伤痕或显著锈蚀的吊环再利用，应按规定进行强度检验。

（4）不应将有缺陷的吊环焊补后重新使用。

（5）无标记的吊环未经确认，不应使用。

（6）与链条连接的连接环，其环材直径应与链材直径相匹配。

（7）不应采用锤击的方法纠正已扭曲的吊环。

（8）不应抛掷吊环。

（9）不应从重物下面拉拽吊环或让重物在吊环上滚动。

（10）不宜用卸扣代替连接环。

（11）现场更换装卸工索具中的连接环，允许使用装配式连接环，装配式连接环的形状和额定载荷应符合吊索额定载荷的要求。

（12）吊环在借用、归还、整理工具保管上架时和使用过程中应检查，发现问题立即停止使用。

（13）吊环应定期检查，并做好相应的检查记录。

304. 吊环有哪些报废要求?

（1）吊环整体的扭曲变形超过 10°。

（2）吊环任意处的最大磨损和锈蚀量之和超过环材公称尺寸的 10%。

（3）长形环内长（圆形环内径）变形超过公称尺寸的 5%。

（4）吊环表面出现裂纹、裂痕或凹槽。

305. 何谓卸扣？一般起重用什么卸扣?

卸扣是由扣体和销轴两个易拆零件装配成的组合件。

一般起重用 D 形和弓形锻造卸扣。

306. 卸扣有哪些使用要求?

（1）卸扣横向间距不允许受拉力。为防止卸扣横向受力，在链接绳索或吊环时，应将其中一根套在横销上，另一根套在弯环上，不准分别套在卸扣的两个直段上面。

（2）安装卸扣部件时应按照正确的安装步骤和方法，避免由于安装失误造成卸扣早期磨损严重。

（3）严禁超出额定载荷作业。

（4）轴销一定要插好保险销。不准使用横销无螺纹的卸扣。如须使用，要有可靠的保障措施，以防止横销滑出。

（5）D 形卸扣与符合《4 级链条用锻造环眼吊钩》（GB/T 24812—2009）和《带安全锁闭装置的 8 级钢制锻造起重吊钩》（GB/T 24813—2018）规定的锻造吊钩一起使用时，可用一个中间件连接。

（6）作业过程中应避免让卸扣部件出现严重摩擦、疲劳损坏、变形等异常情况。

（7）起吊作业完毕后，要及时卸下卸扣，并将横销插入弯环内，上满螺纹，以保证卸扣完整无损。

（8）卸扣上的螺纹部分，要定时涂油，保证其润滑不生锈。

（9）卸扣要存放于干燥的地方，并用木板将其垫好。

307. 环眼吊钩有什么特点？

（1）环眼吊钩的型式不作具体规定，只规定吊钩的环眼可用于穿过销轴，但环眼可以是非圆形的。

（2）环眼吊钩应采用不影响其机械性能的方法做出清晰的永久性标志，包含与吊钩配用的链条名义尺寸、代表强度级别的数字等信息。

（3）环眼吊钩应按锻造吊钩标准的要求使用、维护保养及报废。

308. 钢丝绳绳端套管压制索具有哪两种形式？

套管压制索具（见图 4-8）有套管压制折回式索扣和套管压制环状索具两种形式。

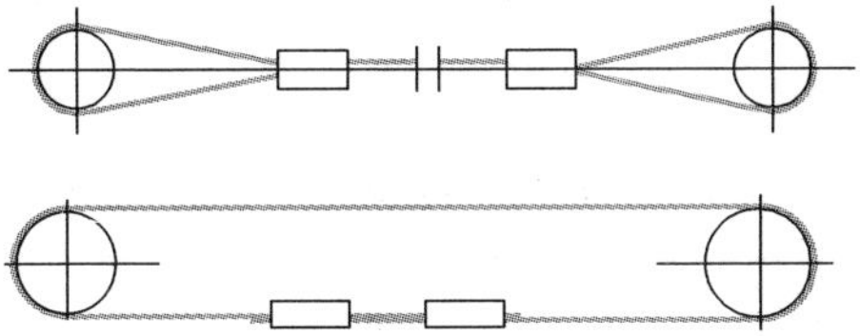

图 4-8　套管压制索具图示

309. 何谓插编索扣？按插编方法如何划分？

插编索扣是将绳股末端反向插入钢丝绳主体内，在钢丝绳端部构成一个环孔或环眼。

手工插编的索扣按插编方法分为折回式和对插式。

310. 何谓钢丝绳环索？有哪些吊挂方式？

钢丝绳环索是一根连续长度的钢丝绳股围绕特定的环形芯，按照规定的捻距循环缠绕 6 圈而成的环形绳索。

环索的吊挂方式有垂直起升、扼圈式提升、吊篮式提升和两肢吊索、四肢吊索。

311. 环索的使用状况评估和报废有什么要求？

环索的使用状况评估和报废有下列要求：

（1）环索如果断丝总数超过钢丝绳钢丝总数的 5%时，环索应停止使用，并由专业人员进行全面检验。

（2）如果有 3 根或 3 根以上集中断丝，应由专业人员对环索强度进行评估。

（3）环索腐蚀应停止使用，并由专业人员进行检验和判定。

（4）出现因扭结、压扁、绳芯溃散或打结造成的变形时应报废。

如果不能区分有害变形和可以接受的变形，应停止使用，并由专业人员进行全面检验和判定。

（5）如发现由电弧或过热引起的明显变色，应停止使用，并由专业人员进行全面检验和判定。

312. 钢丝绳柱形压制接头有哪些型式和使用要求？

钢丝绳柱形压制接头型式分为4种：单板端柱形压制接头、叉板端柱形压制接头、螺柱端柱形压制接头和平端柱形压制接头。

接头工作环境温度为-20~40 ℃，在使用中不允许受弯，在腐蚀环境中使用接头，应采取防腐措施。

313. 钢丝绳吊索在作业前有哪些要求？

（1）确认钢丝绳吊索的用途、被吊物、吊运具体要求。

（2）确认钢丝绳吊索使用的环境条件。例如，工作环境温度对钢丝绳吊索额定工作载荷的影响，不得在使用说明书规定以外的温度环境条件中使用；钢丝绳吊索通常不应使用于腐蚀性环境中，若需要时咨询供应商；在海上作业、载人和提升有潜在危险重物（炽热的金属、腐蚀材料或易燃材料等）等特殊因素下，需要有资质人员进行评估后，对额定工作载荷重新核定。

（3）应对吊索进行检查，确认结构完好、功能正常，与供方规定的吊索结构、吊挂方法、载重量及额定工作载荷一致；并建立健全安全使用、维护保养规程和相应的规章制度，记录吊索的全部详细信息。

（4）使用铝合金压制接头吊索时，金属套管不应受径向力或弯矩作用。

（5）提升物品时穿入软索眼的金属销轴等物体，应有足够的连接强度，且直径不得小于吊索钢丝绳公称直径的 2 倍。

（6）严禁超负荷使用。

（7）吊索上外露可能伤人的活动部件应装设防护罩。

314. 钢丝绳吊索在提升吊重时有哪些要求？

（1）吊索分肢无任何结扣的可能性。

（2）终端连接方法正确可靠。

（3）吊索弯折曲率半径大于钢丝绳公称直径的 2 倍。

（4）吊索使用中本身自然形成的扭结角不得受挤压，终端索眼、套管或插接连接及其配件应安全可靠。

（5）多肢吊索不得绞缠。

（6）吊索肢间夹角应不大于 120°。

（7）人员应远离吊索，以避免倾斜和摇晃带来的潜在危险，尤其注意那些靠摩擦支撑重物、吊篮式结索或其他松弛索套的位置。

315. 一般用途钢丝绳吊索如何运输和储存？

（1）在装运卷绕包装和分组捆扎的吊索时，应使用有效的起重工具，严禁从高处摔丢或在地面上拖动，以免损伤吊索。

（2）搬运时，应使用运输工具，避免在地上拖拽。

（3）吊索储存前，应清除表面污渍，并涂上油脂。

（4）对于沾有严重腐蚀性物品的吊索，每次使用后必须清洗干净，涂上适量油脂后存放。

（5）吊索应储存在通风、干燥场所，避免阳光直射、热气烘烤和接触酸、碱等具有腐蚀性的物质。

（6）吊索应分类卷绕放置在垫板或悬挂在货架上，不应混杂存放。

316. 钢丝绳吊索停止使用、维修、更换或报废要求有哪些？

钢丝绳吊索出现下列情况之一时，应停止使用、维修、更换或报废：

（1）钢丝绳无规律分布损坏，在 6 倍钢丝绳直径的长度范围内，可见断丝总数超过钢丝绳中钢丝总数的 5%。

（2）钢丝绳局部可见断丝损坏，有 3 根以上的断丝聚集在一起。

（3）索眼表面出现集中断丝，或断丝集中在金属套管、插接处附近、插接连接绳股中。

（4）钢丝绳严重磨损，在任何位置实测钢丝绳直径，尺寸已不到原公称直径的 90%。

（5）钢丝绳严重锈蚀，柔性降低，表面明显粗糙，在锈蚀部位实测钢丝绳直径尺寸已不到原公称直径的 93%。

（6）因打结、扭曲、挤压造成的钢丝绳畸变、压破、芯损坏，或钢丝绳压扁超过原公称直径的 20%。

（7）钢丝绳热损坏，由于带电燃弧引起的钢丝绳烧熔、熔融金属液浸烫，或长时间暴露于高温环境中引起的强度下降。

（8）插接处严重受挤压、磨损。

（9）金属套管损坏（如裂纹、严重变形、腐蚀）或直径缩小到原公称直径的 95%。

（10）绳端固定连接的金属套管或插接连接部分滑出。

（11）链环等端部配件达到报废标准。

317. 何谓吊链？用于何处？

吊链是包括一根或数根链条和连带其上、下端配件的链条组合件。用于把起吊重物连接到起重机或其他起重机械的吊钩上。

318. 如何选用吊链的尺寸与等级？

选用吊链尺寸与等级，可依次升高，即由 M 级到 S 级再到 T 级，从而获得强度相同而尺寸较小的吊链。

319. 吊链在高（低）温环境里作业时，允许的极限工作载荷如何表示？

吊链在高（低）温环境里作业时，按吊链等级、温度环境，吊链允许的极限工作载荷用常温时极限工作载荷的百分率表示。

（1）吊链等级为 M（4）时，吊链允许的极限工作载荷如下：

温度 $-30\ ℃<t\leqslant 300\ ℃$，极限工作载荷 100%。

温度 $300\ ℃<t\leqslant 350\ ℃$，极限工作载荷 85%。

温度 $350\ ℃<t\leqslant 400\ ℃$，极限工作载荷 75%。

温度 $400\ ℃<t\leqslant 475\ ℃$，极限工作载荷 50%。

温度 $t>475\ ℃$，不允许使用。

（2）吊链等级为 S（6）时，吊链允许的极限工作载荷如下：

温度 $-30\ ℃<t\leqslant 200\ ℃$，极限工作载荷 100%。

温度 $200\ ℃<t\leqslant 300\ ℃$，极限工作载荷 90%。

温度 $300\ ℃<t\leqslant 400\ ℃$，极限工作载荷 75%。

温度 $t>400\ ℃$，不允许使用。

（3）吊链等级为 T（8）时，吊链允许的极限工作载荷如下：

温度−30 ℃<t≤200 ℃，极限工作载荷100%。

温度200 ℃<t≤300 ℃，极限工作载荷90%。

温度300 ℃<t≤400 ℃，极限工作载荷75%。

温度t>400 ℃，不允许使用。

320. 吊链能否在酸性介质中使用？使用时有什么保护措施要求？

S（6）、T（8）级吊链不应在酸性溶液、酸性蒸汽中使用。M（4）级吊链在酸性介质中使用时，应采用下列保护措施：

（1）此时该吊链的极限工作载荷应不大于原极限工作载荷的50%。

（2）吊链每天使用之前，应进行全面检查。

（3）吊链使用后，应立刻用清水彻底冲洗。

321. 吊链使用时有哪些注意事项？

（1）吊链准备提升时，链条松弛部分应小心地收紧，链条应伸直，不得扭曲、打结或弯折。

（2）当用多肢吊链通过载荷吊耳、环孔连接时，一般肢间夹角应不超过60°（与铅垂线夹角30°）。

（3）使用吊链提升物品时，应禁止出现下列情况。

1）长环链、提升链用作吊链。

2）链条拉长后继续使用。

3）使用比链条等级更低的上、下端配件。

4）使用已断裂或变形的吊链。

5）用螺栓或金属丝连接链条的链环。

6）链条围绕起重吊钩重复缠绕。

7）承载链条挂在起重机吊钩的钩尖上。

8）链环之间连接不灵活。

（4）吊链的更换或报废应符合索具报废标准的规定。

322. 起重用钢制圆环非校准链的报废标准有哪些要求？

起重用钢制圆环非校准链出现下列情况之一时，应报废：

（1）裂纹；

（2）严重的锈蚀或粘有不能除去的附着物；

（3）明显的变形；

（4）链环的环间磨损达原直径的 10%；

（5）吊链的极限工作载荷的标牌和标签脱落，且所需信息未在主环上或通过其他方式标示。

323. 起重用钢制圆环校准链的报废标准有哪些要求？

起重用钢制圆环校准链出现下列情况之一时，应报废：

（1）裂纹。

（2）严重的划痕和裂口。

（3）明显的变形。

（4）严重的腐蚀。

（5）有不能除去的附着物。

（6）卡尺测量的长度增量超过了链条制造厂的推荐值。在缺少链条制造厂的推荐值时，如果用卡尺在任意的 5、7、9 或 11 环测量的链环长度超过了未经使用的同样链环总的长度下述值，应予更换，即电动的为 2%，手动的为 3%。

（7）如果内环的磨损面粗糙，表面链条磨损严重，此时链条应立即报废。

324. 纤维绳吊索的材料有什么要求？

大麻、椰子皮纤维绳不得制作吊索，人造纤维绳应由聚酰胺、聚酯、聚丙烯制作。

325. 纤维绳吊索的绳径有什么要求？

直径小于 16 mm 的细绳不得用作吊索，直径大于 48 mm 的粗绳不宜用作吊索。

326. 纤维绳吊索的报废标准是如何规定的？

当纤维绳吊索出现下列情况之一时，应报废：

（1）绳被切割、断股、严重擦伤、绳股松散或局部破裂；

（2）绳表面纤维严重磨损，局部绳径变细，或任一绳股磨损达原绳股的 1/3；

（3）绳索捻距增大；

（4）绳索内部绳股间出现破断，有残存碎纤维或纤维颗粒；

（5）纤维出现软化或老化，表面粗糙纤维极易剥落，弹性变小、强度减弱；

（6）严重折弯或扭曲；

（7）绳索发霉变质、酸碱烧伤、热熔化或烧焦；

（8）绳索表面过多点状疏松、腐蚀；

（9）插接处破损、绳股拉出、索眼损坏；

（10）端部配件出现索具报废标准中情况时；

（11）已报废的绳索不得修补重新使用。

327. 人造纤维吊带的材料有什么要求?

人造纤维吊带不得由聚乙烯材料制作，其材料应分别是聚酰胺、聚酯、聚丙烯。

328. 人造纤维吊带的报废标准是如何规定的?

当吊带出现下列情况之一时，应报废：

（1）织带（含保护套）严重磨损、穿孔、切口、撕断；

（2）承载接缝绽开、缝线磨断；

（3）吊带纤维软化、老化、弹性变小、强度减弱；

（4）纤维表面粗糙易于剥落；

（5）吊带出现死结；

（6）吊带表面有过多的点状疏松、腐蚀、酸碱烧损以及热熔化或烧焦状况；

（7）带有红色警戒线吊带的警戒线裸露；

（8）端部配件达到索具报废标准时。

329. 纤维吊索和吊带的使用有哪些要求?

（1）应防止纤维受到机械损伤，避免与吊重的锐边、粗糙表面接触或摩擦生热。

（2）在使用中，纤维绳吊索软索眼两绳间夹角不得超过 30°，吊带软索眼连接处夹角不得超过 20°。

（3）纤维吊索、吊带不得在地面拖拽摩擦，其表面不得沾污泥砂等锐利颗粒杂物。

（4）吊索或吊带受腐蚀性介质污染后，应及时用清水冲洗；潮湿后不得加热烘干，只能在自然循环空气中晾干。

（5）当使用潮湿聚酰胺纤维绳吊索、吊带时，其极限工作载荷应减少 15%。

（6）各类纤维吊索、吊带应与使用环境相适应，防止受到环境腐蚀作用。天然纤维不得接触酸、碱等腐蚀介质。人造纤维一般不得接触有机溶剂，聚酰胺纤维不得接触酸性溶液或气体，聚酯纤维不得接触碱性溶液以及使用说明书中所规定的不可接触的物质。

（7）当纤维绳穿过滑轮使用时，轮槽宽应不小于绳径，且滑轮直径与绳径比应不小于 5∶1。

（8）纤维吊索、吊带不得在产品使用说明书所规定温度以外的环境中使用，且不得在有热源、焊接作业场所使用。

330. 何谓编织吊索的一般用途合成纤维扁平吊装带？用于何处？

编织吊索的一般用途合成纤维扁平吊装带是柔性吊装带，由缝制织带部件组成，带或不带端配件，用于将载荷连接到起重机的吊钩或其他起重设备上。

331. 编织吊索的一般用途合成纤维扁平吊装带在化学物质的环境下使用有哪些要求？

编织吊索的一般用途合成纤维扁平吊装带使用的材料对部分化学物品有抗蚀性。聚酯（PES）能抵抗大多数无机酸，但不耐碱；聚酰胺（PA）耐碱，但易受无机酸的侵蚀；聚丙烯（PP）几乎不受酸碱侵蚀，除需使用化学溶剂的情况外，聚丙烯适合在强化学腐蚀的环境下使用。

无害酸或碱溶液经过蒸发而充分浓缩，从而对吊装带造成伤害。

被污染的吊装带应立即停止使用，在冷水中浸泡，自然风干后送交检验人员进行检测。

带 8 级端配件的吊装带及带 8 级主链环的多肢吊装带不应在酸性环境中使用。8 级材料与酸雾或碱雾接触会产生氢脆。如果吊装带在可能暴露于化学物质的环境下使用，应向制造商或供货方咨询。

332. 编织吊索的一般用途合成纤维扁平吊装带首次使用有哪些注意事项?

（1）尺寸、形状、重量及使用方式、工作环境和物品的性质都会影响到吊装带的正确选择。选择的吊装带必须有足够的强度和使用长度。使用一肢以上的吊装带提升物品时，每肢吊装带的规格都应完全相同。吊装带的材料不应受环境或物品的不利影响。端配件和提升装置应当与吊装带相匹配，应考虑吊装带的终端是否需要端配件或软环眼。

（2）吊装带首次使用前，应确保吊装带的规格与订单上的要求一致，并取得制造商提供的证书，吊装带上标识的名称和极限工作载荷应与证书上的内容一致。

（3）每次使用前，应检查吊装带是否有缺陷，并确保吊装带的名称和规格正确。不应使用没有标识或存在缺陷的吊装带。

333. 影响编织吊索的一般用途合成纤维扁平吊装带安全使用的缺陷或损伤有哪些?

影响吊装带安全使用的缺陷或损伤如下：

（1）表面擦伤。正常使用时，表面纤维会有擦伤。这些属于正常擦伤，几乎不会对吊装带的性能造成影响。但是这种影响是会变化的，因此继续使用时，应减轻一些承重。应重视所有严重的擦伤，尤其是边缘的擦伤。局部磨损不同于一般磨损，可能是在吊装带受力拉直时，被尖锐的边缘划伤造成的，并且可能造成承重减小。

（2）割口。横向或纵向的割口、织边的割口或损坏、针脚或环眼的割口。

（3）化学侵蚀。化学侵蚀会导致吊装带局部消弱或织带材料的软化，表现为表面纤维脱落或擦掉。

（4）热损伤或摩擦损伤。纤维材料外观非常光滑，极端情况下纤维材料可能会熔合在一起。

（5）端配件损伤或变形。

334. 使用带有软环眼的编织吊索的一般用途合成纤维扁平吊装带有哪些要求？

使用带有软环眼的吊装带时，用于和吊钩相连的吊装带环眼的最小长度不小于吊钩受力点处最大厚度的 3.5 倍。同时无论何种情况，吊装带环眼形成的角度应不超过 20°。

将带有软环眼的吊装带连接至提升装置时，提升装置中与吊装带发生作用力的部分应保证基本平直，除非吊装带受力部分的宽度小于 75 mm。在这种情况下，提升装置连接件的曲率半径至少是吊装带受力部分宽度的 0.75。吊钩的弯曲部分使吊装带在宽度方向不能均匀承载，因此宽的织带可能会受到吊钩内径的影响。

335. 编织吊索的一般用途合成纤维扁平吊装带有哪些通用使用要求？

（1）提升物品前，应对悬挂、提升和下降操作制定方案。

（2）吊装带应正确放置，以安全的方式连接到物品，并保证吊装带宽度方向均匀承载。吊装带不应打结或弯曲。

（3）针脚缝合处不应越过吊钩或其他提升装置，应一直在吊装带的固定部分。

（4）为了防止吊装带上的标签受到损伤，应使其远离物品、吊钩和扼圈。

（5）应防止吊装带被物品或提升装置的锐边割破、摩擦及磨损。防护锐边和（或）磨损损伤的保护及加固的零件应为吊装带的一部分，并应正确安排其位置。必要时对该零件进行额外的保护。

（6）物品在吊装带上的固定应保证提升时物品不会倾倒或掉落。使用吊篮式连接时，在提升时吊装带会沿吊点滚动，应确保提升安全。成对使用的吊装带，建议使用隔离装置，使索肢尽可能垂直，从而确保物品在索肢间均匀分布。吊装带使用扼圈式连接时，应确保自然形成 120°角。避免产生摩擦热。不应强行安装一根吊装带或试图用一根吊装带拉紧。固定物品的正确方法是使用双匝扼圈连接。

（7）应进行试提升。吊装带张紧后，再将吊装带与物品连接处松弛的部分拉紧。先将物品稍微提起，然后检查物品是否牢固、是否在预定位置。当使用摩擦力固定物品时，吊篮式或其他结套式连接，尤其要注意。如果被吊物品有倾斜的迹象，应将其放下，并重新捆扎。应重复进行试提升，直至物品平稳。

（8）吊装带不应过载，应使用正确的方式系数。在使用多肢吊装带时，索肢与垂直方向的夹角不应超过规定的最大值。

（9）提升时，应确保物品在控制之下，即防止物品旋转或与其他物体碰撞。应避免瞬间或冲击加载，以免增加吊装带的受力。

（10）提升物品时，应确保提升区域中人员的人身安全。应警告在提升作业区的人员提升操作将要开始，或让其立即离开此区域。手或身体的其他部位应远离吊装带。以防吊装带拉紧时造成伤害。

（11）吊装物品或吊装带本身不应在地面或粗糙表面拖拉。

（12）物品下降时，应采用与提升相同的控制方式，应避免吊装带被挂住，不应将物品压在吊装带上。

（13）吊装带使用期间，应经常检查吊装带是否有缺陷或损伤，包括被污垢掩盖的损伤。应对任何与吊装带相连的端配件和提升零件进行上述检查。如果有任何影响使用的状况发生，或所需标识已经丢失或不可辨识，应立即停止使用并送检。

（14）提升作业完成，应将吊装带正确放置。

336. 编织吊索的一般用途合成纤维扁平吊装带储存有哪些要求?

（1）吊装带储存前应检查其在使用期间是否受到任何损坏。吊装带如果受到损坏，不能放回储存。

（2）如果提升用吊装带已经接触了酸或碱，建议在储存前用水稀释或使用适当物质进行中和。

（3）使用中浸湿或清洗过的吊装带，应悬挂起来自然风干。

（4）应将吊装带储存在清洁、干燥、通风良好的地方和放在架子上，并使其远离热源，避免与化学品、烟雾、腐蚀性表面接触，避免阳光直射或其他紫外线辐射源。

（5）吊装带的检查和维修应由检验人员根据使用情况、使用环境、使用频率及此类实际应用因素决定检修周期。但是无论何种情况，应保证至少每年由检验人员用目测方法对吊装带进行检查，以确定其是否能够继续使用并应保留一份此类检测的记录。

（6）损坏的吊装带不应再使用，不要自行维修。

337. 编织吊索的一般用途合成纤维扁平吊装带极限工作载荷和颜色代号是怎样规定的?

编织吊索的一般用途合成纤维扁平吊装带极限工作载荷和颜色代号规定见表 4–6。

表 4–6　一般用途合成纤维扁平吊装带的极限工作载荷和颜色代号

吊装带垂直提升时的极限工作载荷/t	1.0	2.0	3.0	4.0	5.0	6.0	8.0	10.0	大于 10.0
缝制织带部件颜色	紫色	绿色	黄色	灰色	红色	棕色	蓝色	橙色	橙色

338. 何谓编织吊索的一般用途合成纤维圆形吊装带?

编织吊索的一般用途合成纤维圆形吊装带是无接头柔性吊装带，由承载芯、全封闭编织护套构成，带或不带端配件。

339. 使用编织吊索的一般用途合成纤维圆形吊装带如何选择?

（1）应根据方式系数和提升物品的性质选择所需的极限工作载荷。选择的吊装带必须有足够的强度和使用长度。使用一肢以上的吊装带提升物品时，每肢吊装带的规格都应完全相同。吊装带的材料不应受环境或物品的不利影响。端配件和提升装置应当与吊装带相匹配。

（2）多肢吊装带的极限工作载荷值是基于组合多肢吊装带在对称承载的情况下得出的，即提升载荷时各索肢按设计对称分布，相对应的索肢与竖直方向的夹角相同。

（3）对于三肢吊装带，如果索肢不能按设计对称布置，则在设计角度之和与相邻索肢夹角最大的索肢上拉力最大。同样的情况也会发生在四肢索具上，除非载荷为刚性物品。当提升刚性物品时，只有三肢，甚至两肢受力，其余索肢只用来平衡物品。

340. 使用编织吊索的一般用途合成纤维圆形吊装带有哪些通用要求？

（1）提升物品前，应对悬挂、提升和下降操作制定方案。

（2）吊装带不应超载使用，应使用正确的方式系数。在使用多肢吊装带时，索肢与垂直方向的夹角不应超过规定的最大值。

（3）吊装带应正确放置，以安全的方式连接到物品上，并保证吊装带与物品连接的地方伸平，以便吊装带在宽度方向均匀承载。吊装带不应打结或弯曲。为了防止吊装带上的标签受到损伤，应使其远离物品、吊钩和扼圈。

（4）物品在吊装带上的固定应保证提升时物品不会倾倒或掉落。吊装带的吊点应在物品重心的正上方，并确保物品平衡、稳定。如果物品的重心不在吊点之下，提升时，吊装带可能会在吊点上移动。

（5）使用吊篮式连接时，在提升时吊装带会沿吊点滚动，应确保提升安全。成对使用的吊装带，建议使用隔离装置，使索肢尽可能竖直，从而确保物品在索肢间均匀分布。

（6）当吊装带使用扼圈式连接时，应确保自然形成120°角，避免产生摩擦热。不应强行安装一根吊装带或试图用一根吊装带拉紧。

（7）应防止吊装带被物品或提升装置的锐边割破、摩擦及磨损。防护锐边和（或）磨损损伤的保护及加固的零件应为吊装带的一部分，并应正确安排其位置，必要时对该零件进行额外的保护。

（8）应进行试提升。吊装带张紧时，再将吊装带与物品连接处松弛的部分拉紧。先将物品稍微提起，然后检查物品是否牢固、是否在预定位置。当使用摩擦力固定物品时，吊篮式或其他结套式连接，尤其要注意。如果被吊物品有倾斜的迹象，应将其放下，并重新捆扎。应重复进行试提升，直至物品平稳。

（9）提升物品时，应确保提升区域中人员的人身安全。应警告在提升作业区的人员提升操作将要开始，或让其立即离开此区域。手或身体的其他部位应远离吊装带，以防吊装带拉紧时造成伤害。

（10）提升时，应确保物品在控制之下，即防止物品旋转或与其他物体碰撞。应避免瞬间或冲击加载，以免增加吊装带的受力。吊装物品或吊装带本身不应在地面或粗糙表面拖拉。

（11）物品下降时，应采用与提升相同的控制方式，应避免吊装带被挂住，不应将物品压在吊装带上。

（12）提升作业完成，应将吊装带正确储存。不使用时，应将吊装带储存在清洁、干燥、通风良好的地方和放在架子上，并使其远离热源，避免与化学品、烟雾、腐蚀性表面接触，避免阳光直射或其他紫外线辐射源。

341. 编织吊索的一般用途合成纤维圆形吊装带储存有哪些要求？

（1）吊装带储存前，应检查其在使用期间是否受到损坏。吊装带如果受到损坏，不能放回储存。

（2）如果提升用吊装带已经接触了酸或碱，建议在储存前用水稀释或使用适当物质进行中和。使用中浸湿或清洗过的吊装带，应悬挂起来自然风干。

（3）应由检验人员根据使用情况、使用环境、使用频率及此类实际应用因素决定检修周期。但是无论任何情况，应保证至少每年由检验人员用目测方法对吊装带进行检查，以确定其是否能够继续使用，并应保留一份此类检测的记录。

（4）损坏的吊装带不应再使用，不要自行维修。

342. 编织吊索的一般用途合成纤维圆形吊装带极限工作载荷和颜色代号是怎样规定的?

编织吊索的一般用途合成纤维圆形吊装带极限工作载荷和颜色代号规定见表4-7。

表 4-7　一般用途合成纤维圆形吊装带的极限工作载荷和颜色代号

吊装带垂直提升时的极限工作载荷/t	1.0	2.0	3.0	4.0	5.0	6.0	8.0	10.0	12.0~100.0
缝制织带部件颜色	紫色	绿色	黄色	灰色	红色	棕色	蓝色	橙色	橙色

343. 吊索安全作业的基本要求有哪些?

（1）应防止吊重在吊运中产生倾覆或滑动，当吊重重心在吊索拴挂点之上时，吊索分肢与水平线的夹角应大于吊重重心与拴挂点边线和水平线相交形成的夹角，否则应将吊索分肢拴挂点移至吊重重心上方。

（2）为防止吊重在吊运中产生摇摆或转动，宜采用一根牵引索在地面加以控制。

（3）当对吊重采用吊篮式、穿套式结索法拴挂仍有倾覆滑落危险时，应使用吊索横梁进行拴挂连接。

（4）吊索应宽松地稳挂于起重机吊钩上，且应有防止滑出措施，绝对不能挂在钩尖上或插入吊钩的开口处。

（5）与环眼吊钩连接的吊耳、柱销等应能挂入钩底。

（6）吊重不宜在吊索上摩擦滚动，当吊索在吊重下面受阻不能直接取出时，除特殊情况，一般不得硬性拉拽。

（7）不得利用物体捆带作为吊点提升物体，但专为提升用设计的捆带除外。

（8）吊索挠性部件不得打结，索眼绳端固定连接部位不得做拴挂连接点。

（9）当用两根以上单肢吊索提升同一个物体时，各根吊索的材质、结构尺寸、索眼端部固定连接、端部配件等性能应相同。

（10）吊索提升吊重时，应力求各分肢受力均匀，肢间夹角一般应不超过 90°，最大时不得超过 120°。

（11）吊索卸载后，空载重新提升或承载多肢吊索有未使用的自由分肢，一般应将下端部反钩到（如果可行时）起重机吊钩上或上端部配件上，防止随起重机运行时因摆动意外伤人或钩挂到其他物件上。

（12）钢丝绳、纤维绳吊索不得用插接、打结或绳卡固定连接方法缩短或加长。

（13）当吊索未达到报废标准，而在个别部位出现异常时，宜在该处做出明显标记，作为继续检查的重点。

（14）不得将吊索不必要地暴露于腐蚀性介质中。

344. 索具安全作业的要求有哪些？

（1）索具应与吊重种类、吊运具体要求以及环境条件相适应。

（2）作业前应对索具进行检查，当确认完好、功能正常时方可投入使用。

（3）拴挂前，应确认吊重上设置的起重栓挂连接点是否牢固，提升前应确认连接是否可靠。

（4）吊索承载时（含各分肢）不得超过安全工作载荷（含高低温、腐蚀等特殊工况）。

（5）作业时不得损坏索具与吊件，必要时应在吊索与吊件的接触处加保护衬垫。

345. 索具的吊索端部配件和短环链更换或报废标准有哪些?

吊索端部配件和短环链出现下列情况之一时，应更换或报废：

（1）链环发生塑性变形，伸长达原长度的5%。

（2）链环之间以及链环与端部配件连接接触部位磨损减少到原公称直径的80%；其他部位磨损减少到原公称直径的90%。

（3）裂纹或高拉应力区的深凹痕、锐利横向凹痕。

（4）链环修复后、未能平滑过渡，或直径减少大于原公称直径的10%。

（5）扭曲、严重锈蚀以及积垢不能加以排除。

（6）端部配件的危险断面磨损减少达原尺寸的10%。

（7）有开口度的端部配件，开口度比原尺寸增加10%。

（8）卸扣不能闭锁。

4.3 物体的质量及其计算

346. 何谓物体的质量？如何表达?

物体的质量等于该物体的材料密度与体积的乘积。

其表达式为 $m=\rho V$。式中：m——物体的质量，单位为千克（kg）；ρ——物体的材料密度，单位为千克每立方米（kg/m^3）；V——物体的体积，单位为立方米（m^3）。

347. 何谓物体的材料密度？

密度是指某种物质的单位体积内所具有的质量。各种材料的密度都可以通过相关手册查得。

某种材料的密度有最小和最大的变化，同类材料的密度也有差异。如果需要精确计算，则需要根据具体的材料，合理选择使用其密度范围。

348. 物体材料的密度及每立方米质量常用的有哪些？

常用物体材料的密度及每立方米质量，见表 4-8。

表 4-8 常见物体材料的密度及每立方米质量

物体材料	密度（kg/m^3）	每立方米质量/t	物体材料	密度（kg/m^3）	每立方米质量/t
钢	7.85×10^3	7.85	铸铁	$(7.2\sim7.5)\times10^3$	7.2~7.5
铸钢	7.8×10^3	7.8	铅	11.34×10^3	11.34
纯铜	8.9×10^3	8.9	铁矿	$(1.5\sim2.5)\times10^3$	1.5~2.5
铝	2.7×10^3	2.7	碎石	1.6×10^3	1.6
水泥	$(0.9\sim1.6)\times10^3$	0.9~1.6	煤	$(0.6\sim0.8)\times10^3$	0.6~0.8
焦炭	$(0.35\sim0.53)\times10^3$	0.35~0.53	石灰石	$(1.2\sim1.5)\times10^3$	1.2~1.5
黏土	1.9×10^3	1.9	造型砂	$(0.8\sim1.3)\times10^3$	0.8~1.3
木材	$(0.5\sim0.7)\times10^3$	0.5~0.7	砖	$(1.4\sim2.0)\times10^3$	1.4~2.0

349. 常用几何形体的体积如何计算?

常用几何形体的体积计算公式，见表 4-9。

表 4-9　常用几何形体的体积计算公式

名称	简图	体积计算公式/V
正立方体	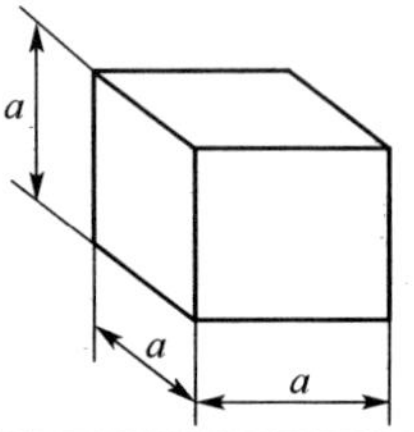	$V=a^3$
长立方体	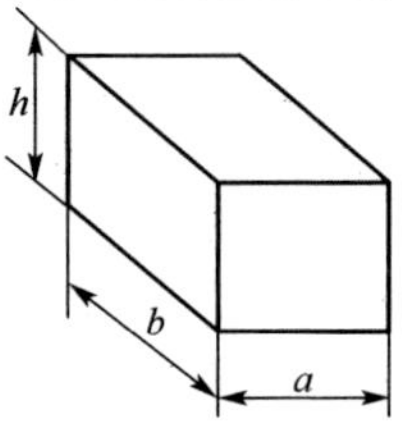	$V=abh$
球体	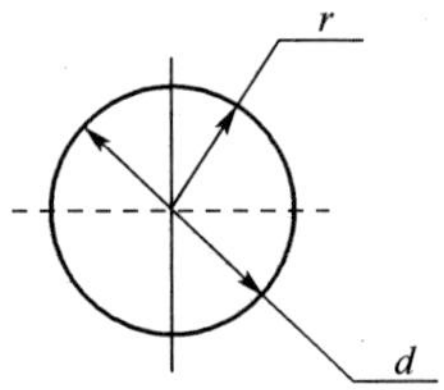	$V=4\pi r^3/3=\pi d^3/6$
圆柱	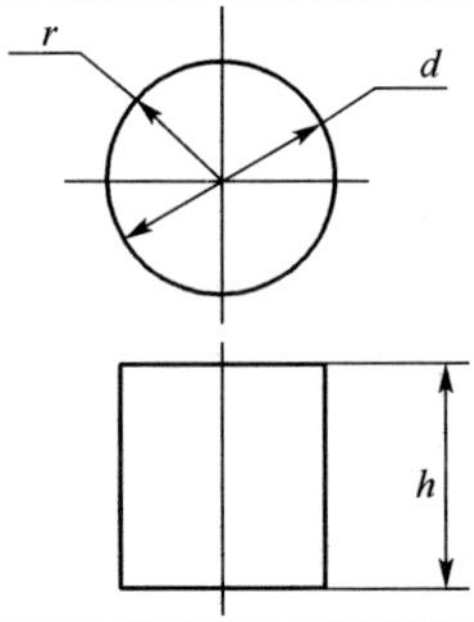	$V=\pi r^2 h=\pi d^2 h/4$

续表

名称	简图	体积计算公式/V
空心圆柱（管）	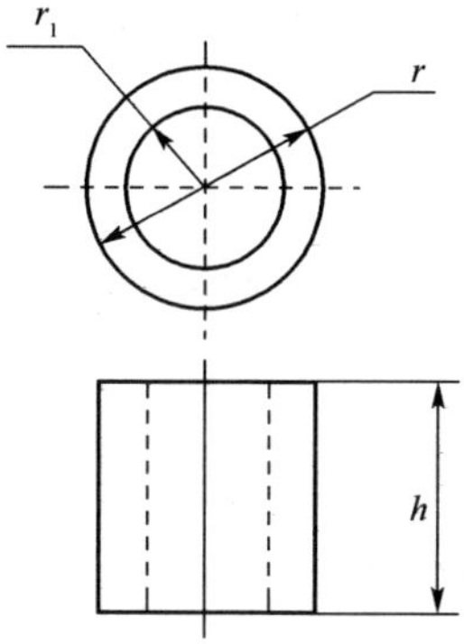	$V=\pi h(r^2-r_1^2)$
圆锥体	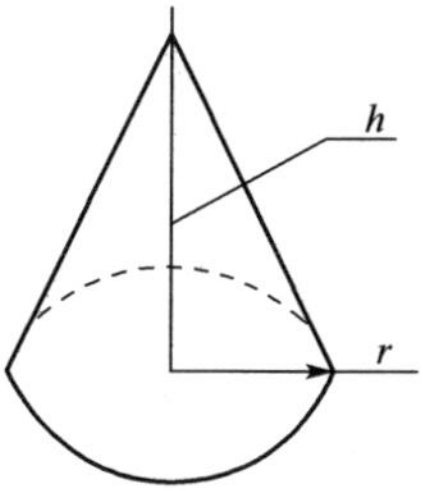	$V=h\pi r^2/3$
正方角锥台	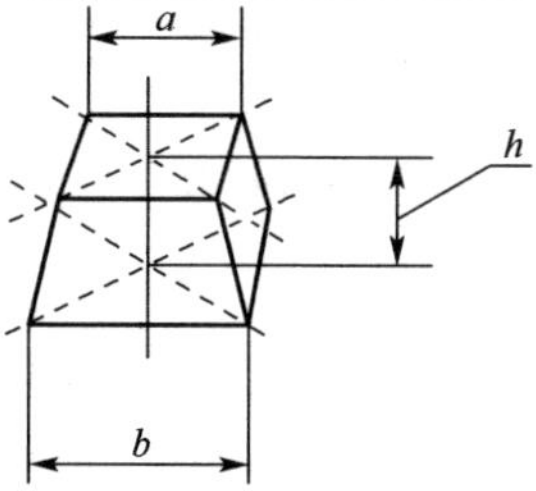	$V=(a^2+b^2+ab)h/3$
正六角柱	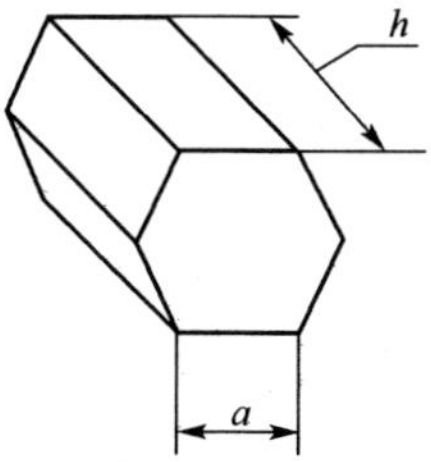	$V=2.598a^2h$

350. 常用物体的质量如何计算?

物体的质量计算要首先把长度单位统一为米（m）。

常用物体质量计算示例如下：

（1）钢板质量的计算。

例：求长 5 m，宽 2 m，厚 10 mm 的钢板质量 m。

解：1）钢板的体积 $V=abh=2\times5\times0.01=0.1$（$m^3$）

2）已知钢的材料密度 ρ 为 7.85×10^3（kg/m^3）

则 $m=\rho V=7.85\times10^3\times0.1=7\ 850\times0.1=785$（kg）

（2）圆钢质量的计算。

例：求直径 100 mm，长度 5 m 的圆钢质量 m。

解：1）圆钢的体积 $V=\pi d^2h/4=3.14\times0.1^2\times5/4\approx0.039$（$m^3$）

2）已知钢的材料密度 ρ 为 7.85×10^3（kg/m^3）

则 $m=\rho V=7.85\times10^3\times0.039=306.15$（kg）

（3）圆纯铜棒质量的计算。

例：求直径 100 mm，长度 5 m 的圆黄铜棒质量 m。

解：1）圆铜棒的体积 $V=\pi d^2h/4=3.14\times0.1^2\times5/4\approx0.039$（$m^3$）

2）已知纯铜的材料密度 ρ 为 8.9×10^3（kg/m^3）

则 $m=\rho V=8.9\times10^3\times0.039=347.1$（kg）

遇到组合物体时，可按照基本形状拆开分别计算，然后累计。

351. 起重作业中获得重物质量有哪些方法?

（1）通过重物上标注的质量。

（2）通过技术文件上标注的质量。

（3）从载荷图表上查找。

（4）利用地秤称量。

（5）利用质量数表估计重物的质量，型材等规格材料通常可在手册中查到。

（6）计算。

4.4　吊点选择

352. 何谓吊点？吊点选择应当遵循哪些原则和方法？

吊点是指起重吊装作业中吊索具与吊物之间连接的部位。

（1）优先选用强度系数较高的吊点，吊物结构能承受全部载荷。

（2）吊点应有可靠的稳定性，应选择在吊物的重心上部，应使吊点与吊物重心在同一条铅垂线上。

（3）吊运机械设备、构件时吊点位置应采用原设计的吊耳起吊。

（4）无吊耳的设备或物件，可在设备两端 4 个点上捆绑吊索、然后根据设备的形状进行适当调整选择吊点、使吊点与重心在同一垂直线上。

（5）竖吊物件的吊点位置应在重心上端。

（6）吊运方形物件时，4 根吊索应拴在吊物重心的 4 边起吊。

（7）平吊细长物件不宜采用单点起吊，应计算强度并选择多点吊装。

（8）多机抬吊时，吊点应选择起重机幅度较小的位置。

（9）在机械设备装配要求安装精度较高时，宜采用辅助吊点配合简易吊具调节机件所需位置的吊装法。

（10）在起重作业中尽量不要采用3点、4点法起吊，最好选用梁式吊具。

（11）吊运散装物品，应使用不致散落的盛装容器或吊篮。

（12）物体的翻转时一般选用兜翻，将吊点选择在物体重心之下，或将吊点选择在物体重心一侧。此类作业对作业人员的操作经验和熟练程度要求极高，没有一定实践经验的人员进行这类操作存在极大的风险。因此，在正确选择吊点的同时，还要选择正确的操作方法。

（13）对于不规则形状物体或组合物体难以确定几何中心的物体，实际作业中多采取小高度试吊的办法确定其重心。

353. 采用多点起吊的方法时如何选择吊点？

（1）采用2点起吊时，用0.2乘以物件全长，得出每个吊点距杆件端点的距离。

（2）采用3点起吊时，先用0.13乘以物件全长，得出两端吊点位置；第3个吊点位置在物件中间点。

（3）采用4点起吊时，先用0.1乘以物件全长，得出两端吊点位置；再将2个吊点位置之间的距离3等分后的中间两个点就是另外2个吊点位置。